高效健康养中蜂技术问答

庄桂玉　宋心仿 ◎主编

中国农业科学技术出版社

图书在版编目(CIP)数据

高效健康养中蜂技术问答 / 庄桂玉,宋心仿主编.—北京:中国农业科学技术出版社,2018.9

ISBN 978-7-5116-3874-8

Ⅰ.①高… Ⅱ.①庄…②宋… Ⅲ.①中华蜜蜂-蜜蜂饲养-问题解答 Ⅳ.①S894.1-44

中国版本图书馆 CIP 数据核字(2018)第 203298 号

责任编辑 张国锋
责任校对 李向荣

出 版 者 中国农业科学技术出版社
北京市中关村南大街 12 号 邮编:100081
电　　话 (010)82106636(编辑室) (010)82109702(发行部)
(010)82109709(读者服务部)
传　　真 (010)82106650
网　　址 http://www.castp.cn
经 销 者 各地新华书店
印 刷 者 北京富泰印刷有限责任公司
开　　本 880mm×1 230mm 1/32
印　　张 5.125
字　　数 154 千字
版　　次 2018 年 9 月第 1 版 2018 年 9 月第 1 次印刷
定　　价 25.00 元

编写人员名单

主　　编　庄桂玉　宋心仿

副 主 编　于艳霞　张吉昌

参编人员　丁浩原　于艳霞　庄桂玉　张吉昌

郭书均　管相妹　李连任　肖　兵

宋心仿

前　　言

养蜂不仅可以生产蜂蜜等蜂产品作为人类的食品及营养保健品，还可以通过蜜蜂授粉大幅度地提高果树及农作物的产量并改善其产品品质。

可以说养蜂是一项投资少、见效快、效益高的行业，是农村脱贫致富的有效途径，是科技扶贫的好项目。

中蜂是我国土生土长的优良蜂种，历经了千百万年的自然选择，在维系我国动植物生态平衡中起着极为重要的作用，除了具有西方蜜蜂不可比拟的独特遗传基因的优良种性，还有适应地域广、抗逆性强、管理粗放等特点，适合广大农村，尤其山区农村定地结合小转地饲养，具有很高的利用价值。

我国土地辽阔，人口众多，蜂产品消费市场庞大，中蜂资源十分丰富，可利用的蜜源植物面积大、种类多，发展中蜂养殖潜力很大。由于中蜂善于采集零星蜜粉源，饲养管理简单。中蜂数量稀少，中蜂产品因质量上乘呈现供不应求的态势，价格颇高，每千克中蜂蜂蜜市场价格达到100~200元，是普通西蜂蜂蜜价格的10~20倍。我国蜂产品消费市场非常广阔，饲养中蜂前景美好。

为帮助广大农民、中蜂养殖专业户及基层技术人员对中蜂饲养知识有初步了解，并能够学会在生产实践中解决一些实际问题，我们在参考近年来国内先进中蜂技术及经验的基础上，结合作者的多年实践，编写此书。全书以问答形式介绍了中蜂饲养基本知识、中蜂生物学特性、饲养中蜂工具与设备、中蜂饲养管理技术、中蜂品种与育种、中蜂蜜源植物及蜜蜂为农作物授粉、中蜂产品及加工利用、中蜂病敌害及防治八个方面的内容。

由于作者学识水平和实践经验所限，书中疏漏和欠妥之处在所难免，恳请读者批评指正。

编　者

2018. 6. 4

目　录

一、概　　述

1. 世界养蜂业现状是怎样的?

全世界约有蜜蜂 6 000 万群，其中养蜂大国分别为：中国有 900 多万群（中蜂占 1/3）；俄罗斯约有 600 万群；美国约有 500 万群；巴西约有 200 万群；墨西哥约有 210 万群；波兰约有 200 万群；阿根廷约有 180 万群；德国约有 120 万群。

发达国家专业养蜂的特点是规模大、机械化程度高、人均饲养量大、人均产值高、管理粗放。发展蜂业的目的首先是为农作物授粉，其次是产蜜。

发展中国家（如中国）专业养蜂的特点是规模较小，通常不过 100 群，以手工操作为主，机械化程度低，蜂群管理细腻。蜂群主要为了生产蜂产品，兼做授粉。目前，随着科技进步，机械化水平正逐步提高，规模化蜂场正逐步兴起，人们的授粉意识逐渐增强，部分地区还出现专门用于出租为农作物授粉的蜂群。

目前，世界上饲养量最大的蜜蜂品种是：欧洲黑蜂、意大利蜂、卡尼鄂拉蜂、高加索蜂、东方蜜蜂。

2. 我国蜂业历史与现状如何?

我国的蜜源植物和蜂种资源都很丰富，全国能提供商品蜜的主要蜜源植物有 100 余种，辅助蜜源植物有万余种，栽培蜜源植物为 2 667 万~ 3 333万公顷。按每群蜂占有作物蜜源 3 公顷，每群蜂产蜜 30 千克计算，可养蜂 1 000 万群，年产蜜 30 万吨，发展潜力很大。

我国养蜂业历史悠久，1949 年全国仅有蜜蜂 50 万群，商品蜜不到 1 万吨。1949 年之后，特别是 1978 年以来，养蜂业有了很大发展。

当前全国有 30 余万人饲养 800 多万群蜜蜂，以转地放蜂为主，定地饲养为辅。每年生产蜂蜜 4 000 多吨、蜂花粉 10 000 多吨、蜂蜡 8 000 多吨、蜂胶 400 多吨、蜂毒约 80 千克，以及蜂王幼虫 600 多吨、雄蜂蛹 60 多吨，总产值达 40 亿元以上。

主要饲养蜂种有意大利蜂、中华蜜蜂等，以及地方良种浙江浆蜂、东北黑蜂、新疆黑蜂等。

3. 为什么要大力发展养蜂业？

饲养蜜蜂可用于生产蜂蜜、蜂蜡、蜂王浆和蜂毒等产品，具有很高的经济效益和药用价值，还可用于为作物授粉，增加产量、提高品质。

（1）*养蜂业是农业之翼*　养蜂业和农业关系密切。蜜蜂是群体生活的昆虫，可以经过人工饲养形成强大的群体，并可经过人工操纵为植物授粉。实验证明，由蜜蜂为农作物授粉给人类带来的经济效益是蜂产品自身价值的几十倍到百倍。蜜蜂授粉不仅使农作物产量大幅度提高，而且品质也能够显著改善，种子生命力加强。据粗略统计，全国百万群蜜蜂为各种农作物授粉增产的直接经济效益至少 150 亿元。利用蜜蜂为温室内蔬菜授粉也是菜篮子工程建设和绿色食品工程建设的重要组成部分，因此蜜蜂被誉为“农业之翼”。

（2）*养蜂是一项高效副业*　养蜂不占耕地，不用粮草，只需要蜂箱和少量蜂具，投资少，见效快，收益高。男女老少，甚至体弱、残疾人都可饲养，是一条致富的重要途径，特别是在贫困地区发展养蜂既可提高农作物、果树、蔬菜、牧草等的产量，又可通过蜂产品获得较好的收益。1 群（箱）蜂 1 年可生产蜂蜜 25~100 千克，蜂王浆 0. 5~5.0 千克，蜂花粉 1~5 千克，蜂蜡 1~2 千克，仅此 4 项产值为 450~2 000 元。如果再生产蜂毒、蜂胶、蜂幼虫、蜂蛹等产品，还可增加收入。

(3) 蜂产品是人类的福寿之音　许多蜂产品都是营养丰富的食品和医药工业的重要原料，蜂蜜自古以来就当作上等药品，用来调和各种药粉制成丸药，也能直接食用，美味可口，营养丰富。蜂王浆更是富有营养的滋补品，可治疗多种疾病，无副作用，被誉为宝药。花粉是营养极为丰富的天然食品，蜂蜡可以制作丸药的外壳及造牙齿模型等。蜂胶含有很多黄酮类化合物，具有治疗一些心血管病、糖尿病和真菌性疾病的功效。蜂毒可以治疗风湿性关节炎、肝炎等疾病。蜜蜂本身也可入药，如蜂卵又称蜂子，可除虫毒、利二便、下经血和益气补身。蜂蛹、蜂幼虫都是高蛋白食品，具有很高的营养价值。因此蜜蜂全身都是宝，具有很高的经济效益和医疗保健价值。

4. 中蜂有什么特点?

中蜂是我国境内东方蜜蜂的统称，是我国的土蜂种。蜂王黑色或棕色，雄蜂黑色，三型蜂个体均较西方蜜蜂三型蜂个体小。东方蜜蜂多处于野生、半野生或家养状态，中蜂群势一般不会太强，而且分蜂性很强。

工蜂体长 10~12 毫米；腹节背板黑色，有明显或不明显的褐黄环。在高纬度、高山区中蜂的腹部色泽偏黑；处于低纬度、平原区的色泽偏黄。全身被灰色短绒毛，喙长 4.5~5.6 毫米。雄蜂体长 11~14 毫米，体色黑色或黑棕色，全身被灰色绒毛，蜂王体长 14~19 毫米，体色有黑色和棕红色两种，全身被覆黑色和深黄色绒毛。工蜂嗅觉灵敏，发现蜜源快，善于利用零星蜜源，飞行敏捷，采集积极，不采树胶，蜡质不含树胶。抗蜂螨力强，盗性强，分蜂性强，蜜源缺乏或病虫害侵袭时易飞逃。抗巢虫力弱，爱咬毁旧巢脾。易感染囊状幼虫病和欧洲幼虫病。蜂王产卵力弱，每日产卵量很少超过 1 000 粒，但根据蜜粉源条件的变化，调整产卵量快，蜂群丧失蜂王易出现工蜂产卵。

中蜂是我国土生土长的蜂种，对各地的气候和蜜源条件有很强的适应性，稳产和适于定地饲养，是我国山区饲养的好蜂种，具有其他蜂种不可取代的地位。

二、中蜂养殖常用设备与工具

1. 中蜂养殖常用工具有哪些?

主要有蜂箱、面网、起刮刀、蜂刷、喷烟器、饲喂器、蜂王诱入器等。

2. 蜂箱的作用是什么?

蜂箱是蜜蜂养殖业中最重要也最基本的工具之一，蜂箱是蜜蜂的家园、筑巢酿蜜、蜂王产卵和繁衍生息的处所。蜂箱的材质要选择优良木材制作（一般买杉木蜂箱，图 2–1)，经得起风吹日晒才可以。

图 2–1　蜂箱

3. 起刮刀的作用是什么?

起刮刀也是养蜂的专用工具（图 2-2），它由优质钢锻打而成，一端是弯刃，另一端是平刃。起刮刀主要是用来撬动副盖、继箱、巢框、隔王板及清理箱底、清除赘脾、雄蜂房和铲刮蜂胶等工作。同时起刮刀还可以起铁钉、卡小木条等方面的作用。

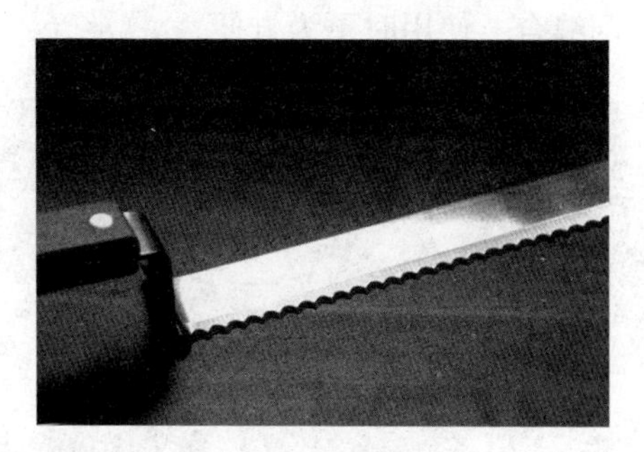

图 2-2　起刮刀

4. 蜂刷是干什么用的?

蜂刷是一种刷落蜜蜂的专用工具，主要用来清扫巢脾上附着的蜜蜂，一般要求蜂刷柔软适中，以免刷伤蜜蜂，所以最好用马鬃或马尾制成（图 2-3）。

图 2-3　蜂刷

5. 面网的作用是什么?

面网是养蜂者的保护工具，主要是防止养蜂者头部与颈部免遭蜂螫的工具（图 2-4）。面网的形式多种多样，但制作的原则是保证轻便耐用，视野清晰。目前主要使用的是用白色尼龙纱制成，前端透视部分用黑色有网眼的尼龙纱，使用时将面网固定于宽边帽沿。有时也可以将蜂帽与面网缝合，使用时更为方便。

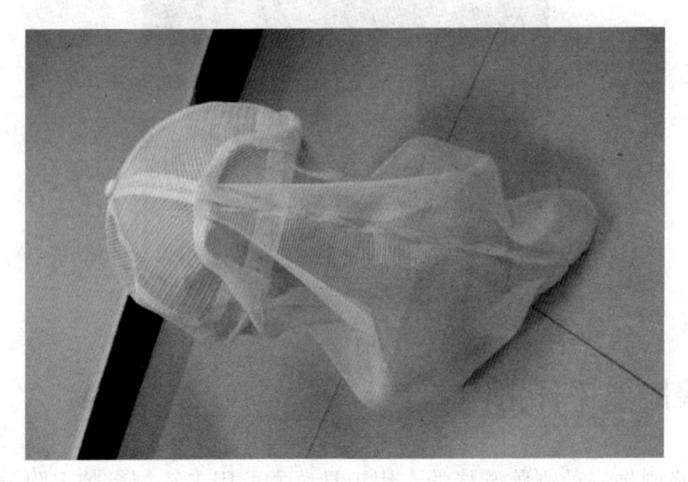

图 2-4　面网

6. 隔王板的作用是什么?

隔王板是用来限制蜂王产卵的专用工具（图 2-5）。利用蜂王与工蜂胸部厚度不同，将隔栅宽度设计成介于蜂王与工蜂之间，使工蜂能够自由通过，而蜂王活动得以限制。用隔王板将蜂王限制在蜂箱某一区域产卵，将蜂巢分为产卵区与贮蜜区。隔王板分为两种类型，一种是平面隔王板，用在巢箱与继箱之间的阻隔，另一种是框式隔王板，其外形尺寸与闸板相同，一般用于巢箱之中。

图 2-5　隔王板

7. 隔板与闸板的作用有哪些?

隔板与闸板都是形如巢框的薄木板（图 2-6），板厚均为 10 毫米。隔板外围尺寸与巢框相同，闸板的外围尺寸与巢箱内围长、高尺寸相同。隔板放在最外侧巢脾旁，不影响蜂路，用以调节蜂巢的大小，有利于保温和避免工蜂造赘脾。闸板放在巢箱中能切断蜂路，将蜂箱分割成独立的空间，使一个蜂箱能同时饲养两群或两群以上的独立蜂群，各群之间蜜蜂不相往来。

图 2-6　隔板与闸板

8. 饲喂器是干什么用的?

饲喂器是一种可以容纳液体饲料或水，供饲喂蜜蜂的容器（图2-7)。饲喂的种类很多，但共同的要求是饲喂方便，蜜蜂便于吮吸，饲料不易暴露，具有适合的容量等。

图 2-7　饲喂器

9. 蜂王诱入器的作用是什么?

蜂王诱入器是在蜂王间接诱入或蜂王暂时贮存时，使蜂王能安全被工蜂所接受的一个养蜂专用工具（图 2-8)。蜂王诱入器有许多类型，常用的有木套诱入器、全脾诱入器和扣脾诱入器等。使用时将蜂王装入诱入器中，同时放入几只工蜂，然后扣在巢脾上，连同巢脾放入蜂群中。

图 2-8　蜂王诱入器

10. 上巢础工具的用处是什么?

将巢础镶嵌到巢框中加入蜂群供蜜蜂泌蜡造脾，常见的上巢础的工具包括巢础垫板、熔蜡壶和埋线器等。巢础垫板是一块光滑平坦的木板，长、宽较巢框的内围尺寸略小些。使用时将巢础垫板用水浸湿，在巢础埋线时将巢础从下托起。熔蜡壶用来熔化少量的蜂蜡，将巢础粘固在巢框上梁的沟槽内。它是用马口铁打制而成的水壶状物件。使用时将蜂蜡烧至熔化后冷却，再把蜡液倒到框梁沟槽中。巢框穿线后，用埋线器将穿线的铁丝埋入巢础中，以增加巢础的支撑强度。埋线器是一种用四棱锥的铜块配以木手柄组成的。锥尖端锉成小凹沟，使之刚好能够卡住铁丝，使用时先将铜块加热，埋线时将凹沟顺着铁丝滑过。这一操作要注意用力适当，以防铁丝压断巢础或未能将铁丝埋入巢础中。

11. 上巢础工具包括哪些部件?

将蜂蜡巢础规定在巢框或巢蜜格中的工具。

巢础埋线器

(1) 埋线板　由 1 块长度和宽度分别略小于巢框的内围宽度和高度、厚度为 15～20 毫米的木质平板，配上两条垫木构成（图 2-9）。埋线时置于框内巢础下面作垫板，并在其上垫一块湿布，防止蜂蜡与埋线板粘连。

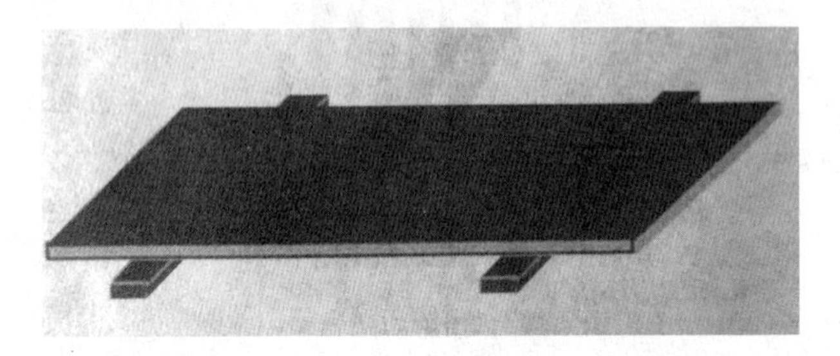

图 2-9　埋线板

（2）埋线器

① 烙铁埋线器：由尖端带凹槽的四棱柱形铜块配上手柄构成（图 2-10）。使用时，把铜块端置于火上加热，然后手持埋线器，将凹槽扣在框线上，轻压并顺框线滑过，使框线下面的础蜡融化，并与框线粘合。

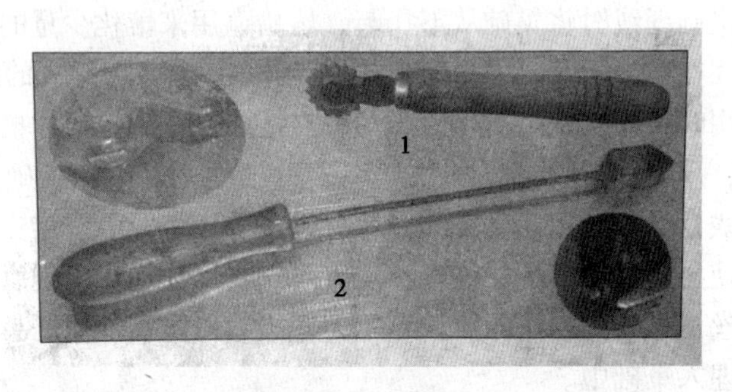

图 2-10　埋线器

1. 齿轮式；2. 烙铁式

② 齿轮埋线器：由齿轮配上手柄构成。齿轮采用金属制成，齿尖有凹槽。使用时，凹槽卡在框线上，用力下压并沿框线向前滚动，即可把框线压入巢础。

③ 电热埋线器：电流通过框线时产生热量，将蜂蜡熔化，断开电源，框线与巢础黏合（图 2-11）。输入电压 220 伏，埋线电压 9 伏，功率 100 瓦，埋线速度为每框 7~8 秒。

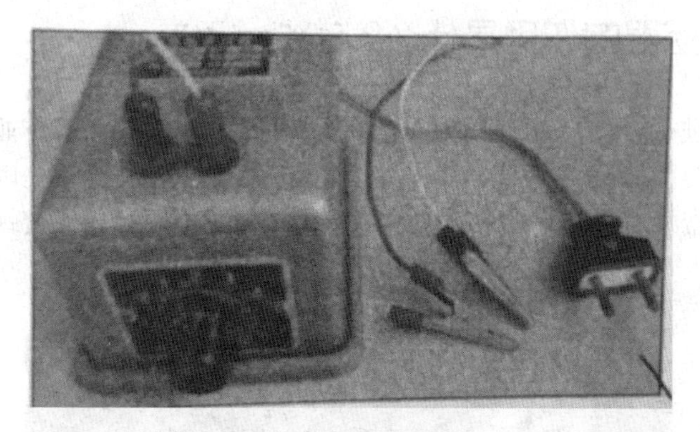

图 2-11　电热埋线器

巢础固定器

用于将巢础固定在巢框上梁腹面或础线上（图 2-12）。

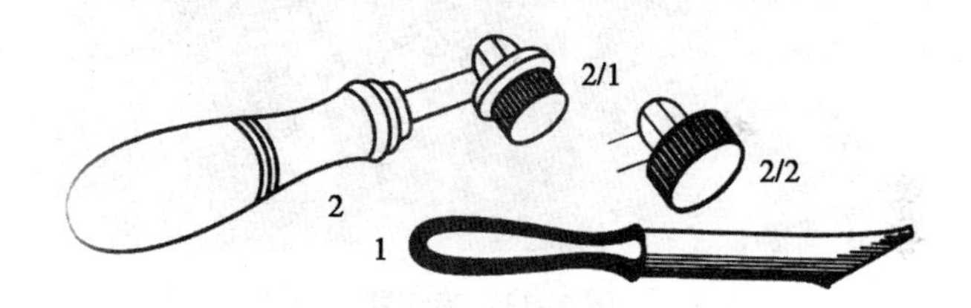

图 2-12　巢础固定器

（1）蜡管　采用不锈钢制成，由蜡液管配上手柄构成。使用时，把蜡管插入熔蜡器中装满蜡液，握住蜡管的手柄，并用大拇指压住蜡液管的通气孔，然后提起灌蜡。灌蜡时将蜡液管的出蜡口靠在巢框上梁腹面础沟口上，松开大拇指，蜡液即从出蜡口流出，沿着槽口移动灌蜡。整个础沟都灌上蜡液，即完成巢框的灌蜡固定巢础工作。

（2）压边器　由金属辊配上手柄构成，用于将巢础粘在巢框上或巢蜜格础线上。

12. 喷烟器的作用是什么？

在进行蜂群检查、采收蜂蜜、生产王浆、培育蜂王等作业时，蜜蜂常常会因蜂巢受到干扰而螫刺操作人员，影响工作效率。因此，在从事与蜜蜂直接接触的操作时，常常借助喷烟器喷烟镇服蜜蜂，以保证操作人员的安全和工作的顺利进行（图 2-13)。

图 2-13　喷烟器

13. 吹蜂机的原理是什么？由哪些部件组成？

吹蜂机是利用高速低压气流脱除蜜继箱内蜜蜂的机械，养蜂现代化国家的商业性养蜂场已普遍采用吹蜂机脱蜂。

吹蜂机通常由动力装置、鼓风机、输气管、喷嘴等部件和蜜继箱支架附件构成（图 2-14)。工作时，由 1.47~4.41 千瓦（2~6 马力）汽油机或电动机带动鼓风机产生大量气流，经输气管输送到喷嘴，从喷嘴成束高速地喷出，把蜜脾上附着的蜜蜂吹离，从而达到脱蜂的目的。

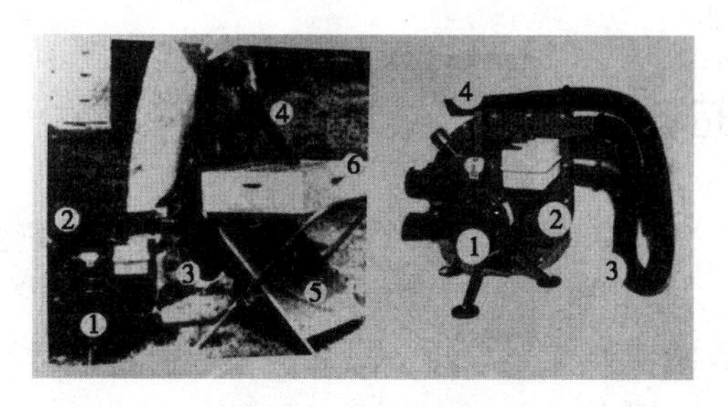

图 2-14　吹蜂机

1. 汽油机；2. 鼓风机；3. 输气管；4. 喷嘴；5. 继箱支架；6. 蜜继箱

14. 摇蜜机的作用是什么?

摇蜜机是利用离心力把巢脾上蜜分离出来的工具，有不锈钢、塑料和铁皮等分蜜机。

15. 移虫移卵工具的用途是什么？有哪些类型?

移虫移卵工具是养王或生产王浆时，用来移取幼虫的工具。常见的有金属移虫针、鹅毛管移虫针、牛角片移虫针、弹性移虫针、移卵勺和移卵管等（图 2-15）。

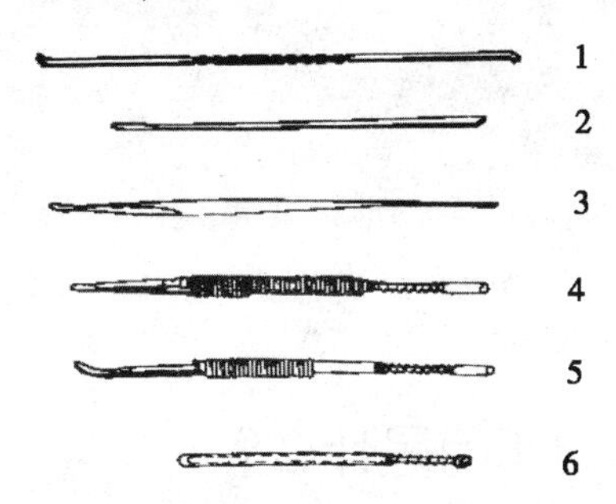

图 2-15　移虫（卵）工具

1. 金属移虫针；2. 牛角片移虫针；3. 鹅毛管移虫针；4. 弹性移虫针；5. 移卵勺；6. 移卵管

16. 割蜜刀的用途是什么？有哪些类型？

割蜜刀是一种用于切除蜜脾蜡盖的工具，有普通割蜜刀和电热式割蜜刀两种。

（1）普通割蜜刀　通常采用不锈钢制成，刀身长约 250 毫米、宽 35~50 毫米、厚 1~2 毫米（图 2-16）。

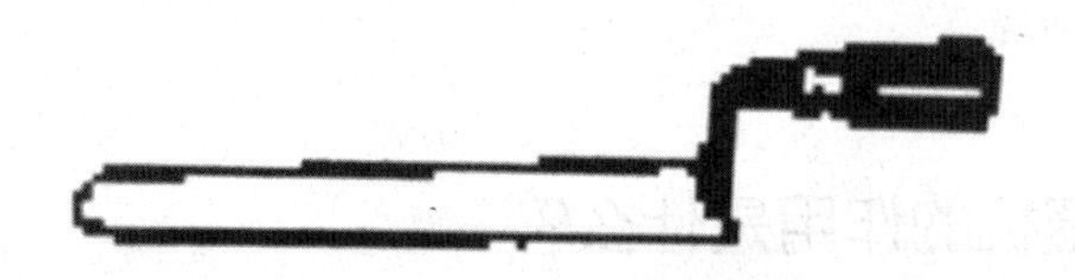

图 2-16　普通割蜜刀

（2）电热式割蜜刀　采用不锈钢制成。刀身长约 250 毫米、宽约 50 毫米，双刃锋利；重臂机构，内腔装置 120~400 瓦的电热丝，以通电加热刀身。有的刀身内还装有微型控温装置，以在工作时把刀身的温度控制在 70~80℃（图 2-17）。

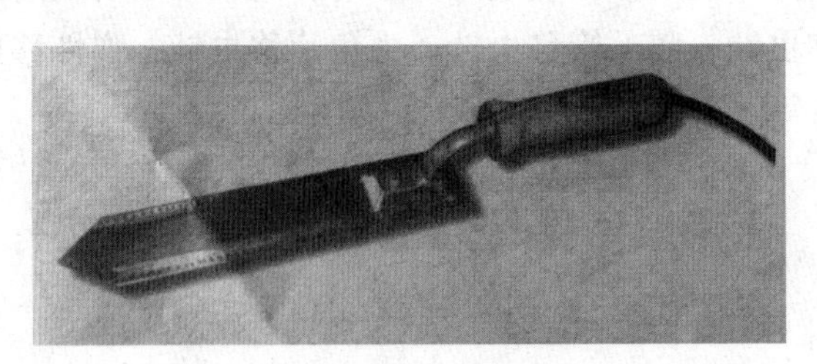

图 2-17　电热式割蜜刀

17. 蜂蜜过滤器的作用是什么？

采用不锈钢制成，呈圆盘形，直径约 500 毫米。器底呈倒圆锥台形，底部中央有一直径 150 毫米的圆形纱网底；器的上口横放一个

“H”形的蜜脾撑架，用于割蜜盖时支撑蜜脾。使用时，叠于一个比其直径略小的盛蜜容器上面，切割下来的蜜脾落在其中，蜜盖上的蜂蜜通过器底的纱网滴入其下方的盛蜜容器。这种蜜蜡分离器结构简单，适于小型蜂场和业余蜂场使用（图 2–18）。

图 2–18　蜂蜜过滤器

18. 分蜜机的工作原理是什么？

分蜜机是利用离心力把蜜脾中的蜂蜜分离出来的机具，是机械化养蜂生产的三大蜂具之一。采用分离机分离蜂蜜，不但能使有价值的巢脾得到重复利用，提高巢脾的周转率，提高生产效率，降低劳动力，使蜂蜜的产量剧增，而且生产的分离蜜洁净，质量上乘。

蜂蜜机的基本构造　分蜜机通常由机桶、蜜脾转架、转动装置和桶盖等部件构成（图 2–19）。

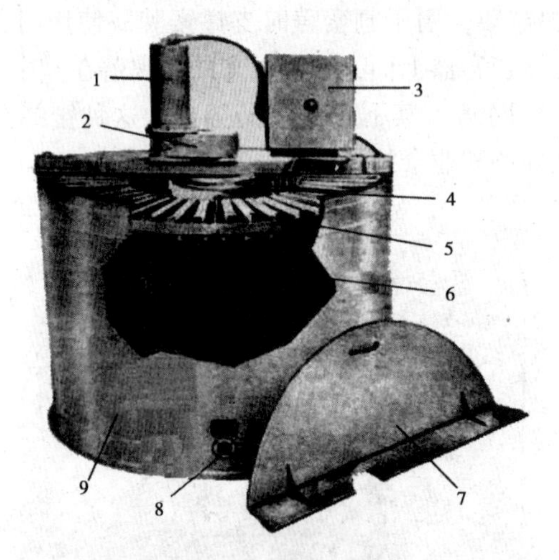

图 2-19　分蜜机结构

（引自 The ABC and XYZ of Bee Culuture，Root A I，1980）

1. 电动机；2. 变速轮；3. 定时和控速装置；4. 刹车装置；5. 巢框；6. 蜜脾转架；7. 桶盖；8. 出蜜口；9. 机桶

19. 产浆框的作用是什么?

产浆框是用于安装人工台基生产蜂王浆的框架，采用杉木制成。常规的产浆框，其大小和结构与育王框的相同，但框内有 3~4 条台基条。使用时，通常每条台基条安装 25~30 个台基（图 2-20）。

图 2-20　产浆框

三、中蜂生物学特性

1. 什么是蜜蜂？

蜜蜂是膜翅目、蜜蜂科、会飞行的群居昆虫，是为人类制造甜蜜的社会性昆虫，也是人类饲养的小型经济动物，它们以群（箱、桶、笼、窝、窑）为单位过着社会性生活。

2. 什么是蜂群？蜂群由哪几种蜂组成？

中蜂是群体生活的经济昆虫，以群体为生活单位。蜂群中的中蜂分化为蜂王、工蜂和雄蜂 3 种。从生产的观点看，必须有生产能力的蜂群才算是一群蜂。如采蜜群、造脾采蜡群、繁殖群、王浆生产群等。其不够生产资格的蜂群，如交尾群、无王群等，一般不计算在内。

三型蜂有不同的分工，各司其职，相互依赖，共同生存，保持群体在自然界的竞争生存和种族繁衍，单个中蜂虽然也是一只独立的小生命，但是一旦脱离群体就不能长期生存。

在通常条件下，蜂群一般由 1 只蜂王、几万只工蜂和千百只雄蜂组成。晚秋蜜粉源枯竭时，工蜂会把雄蜂赶出巢外，任其冻饿而死，此时蜂群内只有蜂王和工蜂，而且群势较小。

3. 什么叫三型蜂？各有什么特点？

三型蜂就是组成一个完整蜂群的三种类型的蜜蜂，它们的特点如下。

（1）蜂王　由受精卵发育成生殖器官发育完全的雌性蜂，它专管产卵，个体最大，每群只有1只蜂王。

（2）工蜂　由受精卵发育成生殖器官发育不完全的雌性蜂，工蜂担负蜂群的所有工作，如采蜜、采粉、哺育幼虫、泌蜡造脾和清洁保卫等。每群蜂有数万只（2万~6万只）。

（3）雄蜂　由未受精卵发育成的雄性蜂，雄蜂只管交配，别无他用，每群蜂在繁殖季节有数百只到上千只，在非繁殖期即销声匿迹。

4. 中蜂靠吃什么存活？

中蜂以蜂蜜和蜂粮为食物，分别由花蜜和花粉转化形成，它们来源于蜜源植物。蜂蜜为中蜂生命活动提供能量，蜂粮为中蜂生长发育提供蛋白质。另外，蜂王浆是中蜂幼虫和蜂王必不可少的食物，水是生命活动的物质。

5. 蜂群之间是什么关系？

中蜂虽然过着群体生活，但是蜂群与蜂群之间互不串通。为了防御外群蜜蜂和其他昆虫动物的侵袭，中蜂形成了守卫蜂巢的能力。螫针是它们的主要自卫器官。

在蜂巢内中蜂凭灵敏的嗅觉，根据气味来识别外群的蜜蜂。在巢门口担任守卫的中蜂不准外群蜜蜂进入巢内。如有外群入巢盗蜜的蜜蜂，守卫蜂立即进行搏斗，直到来者被逐出或死亡。在蜂巢外面，如花丛中或饮水处，各个不同群的蜜蜂在一起互不敌视，互不干扰。

飞出交配的蜂王，如错入外群，立刻会被工蜂团团围住刺杀。雄蜂如果错入外群，工蜂不会伤害它。这可能是蜂群为了种族生存得更好，以避免近亲繁殖的生物学特性。

6. 蜂巢是怎样构成的?

蜂巢是中蜂居住和生活的场所，由许多蜡质巢房连成一片成为巢脾，许多巢脾结合而成蜂巢（蜂箱）。在蜂巢里巢脾平行而垂直地悬挂着，各脾间有10~12毫米的距离，称为蜂路，供蜜蜂通行。一个标准箱为10个脾，每个脾上两面有7 200多个巢房（工蜂房）。在繁殖季节，有少量雄蜂房和王台，每个脾上布满蜜蜂时约有2 500只。巢脾和巢房是蜜蜂产卵、育虫和存放饲料蜜粉的场所。产卵育虫的脾称为子脾，位于巢箱中部；存放饲料的脾称为蜜、粉脾，位于巢箱的两侧。这两种脾并没有严格的界线，子脾上面也可贮蜜，蜜脾中下部有时也可供产卵育虫。

7. 中蜂和意蜂的区别在哪里?

中蜂和意蜂虽然在我国境内都有广泛的饲养，但他们并不是同一种蜜蜂，中蜂属于东方蜜蜂种，意蜂属于西方蜜蜂种，两个蜂种之间并不能交配。现在我国境内，中蜂主要生活在山区及海拔较高的地区，而意蜂主要分布在平原地区。

8. 中蜂的巢房有什么特点?

中蜂巢脾上的巢房绝大多数为正六角形。每个巢房的6面房壁各为周围相邻的6个巢房的一个房壁。巢房底由3个菱形拼成120°的锥形角，3个菱形又各为巢脾另一面3个巢房的一个底面。中蜂采用这种几何形状筑造巢房，整齐、美观、结实，耗费材料最少，而巢房的容积最大。

9. 中蜂的发育经历哪几个阶段?

中蜂是完全变态昆虫，它的生长发育经历卵、幼虫、蛹、成虫4

个阶段。通常我们看到会飞的蜜蜂是成虫。中蜂的发育期因蜂种、温度等条件的影响而有差异。以中蜂为例，蜂王、工蜂和雄蜂的各阶段发育期见表1。

表1　中蜂各阶段发育期　　单位：天

类别	卵期	未封盖幼虫期	封盖期	出房日期
蜂王	3	5	8	16
工蜂	3	6	11	20
雄蜂	3	7	13	23

10. 中蜂的个体是如何生长发育的？

中蜂是完全变态的昆虫，个体发育都要经过卵、幼虫、蛹和成虫4个阶段。

（1）卵　乳白色，香蕉形，长1.5~1.8毫米，重0.3毫克，稍粗的一端为头部。卵黏附于蜂房底部，3天后卵膜破裂，孵化出幼虫。受精卵发育成雌性蜂，在王台中发育成蜂王；未受精卵发育成雄性蜂。

（2）幼虫　亦为乳白色，呈蠕虫状，体表有环纹，分节。工蜂和雄蜂幼虫前3天吃蜂乳（王浆），以后吃乳糜（蜂花粉和蜂乳的混合物，营养价值不如蜂乳）。所以工蜂生殖器官发育不全而成为工蜂。蜂王整个幼虫期和终生吃蜂乳，蜂乳中营养丰富，并含有雌性激素。所以蜂王生殖器官发达，产卵力强。幼虫期蜂王为5天，工蜂为6天，雄蜂为7天，然后封盖化蛹。

（3）蛹　幼虫封盖后，经过4次蜕皮，吐丝作茧成蛹，这时体表变成深褐色并硬化，同时生长分化，形成各种器官；蛹期（封盖后）蜂王为8天，工蜂为11天，雄蜂为13天。

（4）成虫　蛹期满后，羽化成蜂，咬破房盖出房后，即为成虫（即日常所见的蜜蜂）。

11. 中蜂的个体寿命受何影响?

蜂王一般寿命3~5年，最长可达11年。人工饲养的蜂群，蜂王在前一年半里年轻力壮，产的卵多，分泌的蜂王物质多，控制蜂群能力强，符合生产要求；以后，蜂王产卵少，蜂王物质分泌少、味稀，蜂群小，往往被养蜂人淘汰，这是年年更新蜂王的原因。因此，生产用的蜂王，其最佳寿命只有1年。

工蜂的寿命在繁殖、生产季节是35天左右，越冬时期为6个月左右。工蜂寿命主要受到蜂群大小、食物丰歉和质量、劳动以及蜜浆强度、冬夏季节等的影响。

雄蜂寿命20天左右，秋末则被赶出蜂巢。

12. 中蜂发育的适宜温度、湿度是多少?

中蜂卵、幼虫、蛹对温度要求很严格，必须保持在34~35℃，温度偏高或偏低都会给发育带来不利影响。在临界温度范围之内，巢温偏高会造成蛹期缩短，从而出现羽化出的幼蜂残翅或残肢，甚至死亡；巢温偏低，会使蛹期延迟，甚至蜂蛹不能发育而死亡。

中蜂对湿度的要求较低，育虫区的相对湿度为35%~45%。当蜂群湿度过大时，蜜蜂靠扇风除湿；当湿度较小时，蜜蜂靠采水增加巢内湿度。

保持蜂群适宜温度、湿度是养蜂者管理必须注意的问题。

13. 蜂王在蜂群中的地位和作用是什么?

蜂王也叫母蜂，既是一群之王，也是全群的母亲，在蜂群中所处地位特殊，任务繁重，是蜂群的枢纽和核心成员，通常受到全群照顾和优待。一般每群只有1只蜂王，如果出现2只，就要决斗，即使同胞姐妹或母女关系也不例外，结果不是分蜂出走，就是死掉1只。养蜂者必须注意避免这种无谓的内乱和分裂，以免造成不应有的损失。

14. 工蜂在蜂群中的地位和作用是什么?

工蜂是生殖器官发育不完全的雌性蜂，是蜂群的主体，也是蜂群生活的主宰者和蜂产品的生产者。所以工蜂是最辛苦的，那真是“穷人的孩子早当家，里里外外都靠它。”

15. 雄蜂在蜂群中的地位和作用是什么?

雄蜂由未受精卵发育而成，一般出现在春夏，消失于晚秋，数量由数百只到上千只（最多不超过总蜂数的5%）。雄蜂专司交尾，别无他用。因此，在秋末以后，蜜源缺乏的非繁殖期，常被工蜂驱杀，冻饿而死。

16. 蜂王是怎样产生的?

在下列3种情况下，常可产生新的蜂王。

自然分蜂：当蜂群旺盛，蜂多于脾时，工蜂即筑造多个王台，培育新王，准备分蜂。

自然交替：当蜂王衰老或伤残时，工蜂常筑造1~3个王台，培育新王，进行交替，但不分蜂。

急迫改造：当蜂群突然失王时，约过1天，工蜂就紧急于改造工蜂房中3日龄以内的幼虫，扩大巢房，加喂王浆，培育新王。

17. 蜂王怎样出台?

新王出台前2~3天，工蜂先咬去蜡盖，然后蜂王自己咬开茧衣，爬出台外，称为出台。新王出台后十分活跃，巡行各脾，破坏其他王台，驱杀其他蜂王，以巩固其地位。但新王胆小怕光，当人提脾检查时，常潜入工蜂堆中不易找到，所以应细心注意。

18. 蜂王是怎样交配的?

出台后的蜂王称为处女王，5~6 天后性成熟，这时腹部经常伸缩，并开始有工蜂追随。常在晴天中午 20℃以上时飞出巢外交尾，称为“婚飞”。每次飞行 15~50 分钟，距离 5~10 千米。遇到雄蜂后，即被追逐、交配，交配后雄蜂生殖器拉断脱落，堵塞蜂王阴道口，阻止精液外流。第 2 只雄蜂交配时将其拔掉，以此类推。每次飞行可与数只雄蜂交尾，最后带着雄蜂黏液排出物形成的白色线状物飞回巢中，这种线状物称为“交尾标志”。蜂王交尾后，工蜂追随，以示欢迎。并用上颚拉出线状物。在 1~2 天内，蜂王共和 7~15 只雄蜂交尾，把精子贮存在受精囊中（需有精子 500 万个以上），供其一生之用。每产 1 枚卵，要放出 10~12 个精子。蜂王的交尾期 1~2 周，过期不再交配，如果误配，即行作废。

19. 蜂王是怎样产卵的?

蜂王交尾成功后，腹部膨大，行动稳重，2~3 天后开始产卵，专心致志，坚守岗位，除分蜂逃亡外，再也不出巢外交尾。正常情况下，蜂王凭借腹部的感觉，在工蜂房产受精卵，在雄蜂房产不受精卵。由中部向两侧依次产，每房产 1 粒卵，产到房底就是好王，否则是劣王。意蜂每天可产卵 1 500~2 000 粒，中蜂产卵 600~900 粒，总重量相当于其体重的 2~3 倍。每分钟产卵 3~5 粒，连产 15~20 分钟，休息 1 次，20~25 分钟。休息时有 10~20 个伺从工蜂喂饲和刷拭，鼓励其多产卵。一个强群好王，全年可产卵 20 万粒，按工蜂寿命算，采集期可拥有工蜂 4 万~6 万只，中蜂比意蜂少一半。

20. 蜂王在蜂群中的职责是什么?

蜂王是蜂群中唯一能繁衍后代的雌性蜂，在繁殖高峰季节，蜂王 1 昼夜能产卵 600~900 粒。蜂王是蜂群中寿命最长的蜂，在自然情况下蜂王能活5~6年，但通常在3~4年后产卵力逐渐衰弱，从而被自然交替。在养蜂生产中，蜂王一般使用1~2年后被人为更换。

21. 蜂群何时会培育新王?

蜂群通常在下列3种情况下培育新蜂王。

① 蜂群十分强壮，准备分蜂。分蜂多出现在每年的春季和夏季，个别地区秋季也会出现。

② 由于偶然事故蜂群失去蜂王，这时蜂群会急造王台培育新王。

③ 蜂王衰老或生理上有缺陷，准备自然交替时。

无论何种情况下培育新王，通常从出现王台至新蜂王产卵均需要3周左右时间。

22. 处女王出房几天交尾产卵?

刚出房未交配的新蜂王是处女王。在天气晴好的情况下，处女王出房5~8天进行婚飞、交尾；若天气不好，交尾就会被推迟，有时出房10~15天才交尾。一般交尾后2~3天产卵。

23. 处女王和雄蜂是怎样交尾的?

处女王的交尾行为通常在蜂场周围5千米范围内，处女王同雄蜂交尾是在空中飞翔时进行的。性成熟的处女王一般要进行多次婚飞。每次婚飞时，处女王出巢飞向天空，许多雄蜂尾随其后，哪一只雄蜂飞得最快，追上了处女王，处女王就与该雄蜂交尾。在一次婚飞中，处女王可以连续和多只雄蜂交尾，并可重复进行婚飞。交尾获得的精子贮存在处女王的受精囊中，供一生使用，以后蜂王永远不再与雄蜂交配。

24. 蜂王的产卵力与哪些因素有关?

蜂王的产卵力是蜂群繁殖能力的决定因素之一。产卵力强的蜂王能使蜂群保持相对较强的群势，从而显著提高蜂群的生产力。蜂王的产卵力受多种因素的综合影响。

决定蜂王产卵力强弱的内因是品种及亲代的遗传性；外因在于培育条件。一只已产卵的蜂王，不同时期产卵量的变化取决于蜂群内部状况，如群势、饲料、空巢房的多少，以及外界气温和蜜源条件等。

25. 蜂群失去蜂王后的情况是什么样的?

蜂王的存在对蜂群至关重要。蜂王身上不断分泌外激素（俗称蜂王物质），通过工蜂舔食并不断传递这种蜂王物质，全体工蜂便会得知蜂王健在的信息。一旦蜂群失去蜂王，蜂王物质的传递中断，工蜂得知无王信息，几十分钟内就会出现不安情绪，工蜂会在巢内外到处寻找蜂王，巢内的正常工作秩序很快被打乱。无王大约 12 小时，巢内会出现急造王台，工蜂开始培育新蜂王。如果巢内没有幼虫，蜂群无王时间久了（几天至 20 多天），工蜂的卵巢就会发育起来，产下未受精卵，这些卵培育出来的都是雄蜂。此时如果不采取补救措施，这群蜂将无法维系，最终死亡。

26. 雄蜂是如何产生的?

雄蜂的产生是在分蜂时期，蜂王产少量不受精卵，发育成雄蜂，这种特性称为产雄性孤雌生殖。所以雄蜂只有母亲，没有父亲。其性别的形成，主要决定于染色体的倍数，二倍体发育成雌性，单倍体发育成雄性。

27. 雄蜂是怎样生活的?

多数雄蜂的生活是悲惨的，雄蜂不具备工作和自卫能力，食量也大，在非繁殖期，特别是缺蜜时期，工蜂常将其驱逐出巢，使其冻饿而死，人工管理中也是见雄必杀，认为其过寄生生活浪费饲料。

28. 雄蜂是怎样交配的?

在繁殖季节，雄蜂可不分群界，进入其他蜂群，而不受阻拦，这种特性有利于避免近亲繁殖。雄蜂出房 12 天后性成熟，交配期约两周，所以人工育王时必须提前两周培养雄蜂。性成熟后，雄蜂常在午后 2~4 时出巢飞游。每次雄蜂在空中形成一个密集的“飞行圈”，以等待“处女王”到来，这种现象叫作出游。每次飞行 25~27 分钟，一天数次飞行，飞行范围 2~5 千米，高度 20~30 米。当遇到处女王时，立即追逐和交配，阴茎外翻，囊状角插入蜂王交配囊中，射精后拉断生殖器翻转掉落，很快死亡。所以雄蜂是“婚礼”和“葬礼”同时举行的。雄蜂如果出游未能遇到处女王或竞争落选时，只好回巢接受工蜂姐妹们的“安慰”，以待明天或明天的明天再出游。

29. 雄蜂为什么是季节性蜜蜂?

蜂群中不是在任何季节都有雄蜂。只有在繁殖季节，蜂群强壮、蜜源条件好的情况下，才会出现雄蜂。雄蜂是由未受精卵发育而来的，蜂群内的雄蜂数量少则 100~200 只，多则 2 000~3 000 只。雄蜂不会采蜜，不负担巢内任何工作，唯一的职能是性成熟后飞出巢外寻找处女王交尾。雄蜂食量很大，当外界缺少蜜源时，工蜂会把它们驱除巢外。为了减少雄蜂造成的饲料消耗，在繁殖季节养蜂者常会清除一些雄蜂。

30. 雄蜂出房后多长时间与处女王交尾?

雄蜂出房后要 12~15 天才能性成熟，即出房后约 15 天才能与处女王交尾，如果从卵产下算要 40 天左右，比处女王性成熟晚 15 天左右。由于雄蜂和处女王的性成熟时间不一致，因此人工培育蜂王时，必须先培育雄蜂，后培育蜂王，两者相差 20 天左右。因此生产中通常是看到雄蜂出房之时着手移虫培育蜂王。

31. 怎样判断雄蜂是否性成熟?

雄蜂是否性成熟，只需抓住一只雄蜂，用拇指和食指挤压其胸部，挤压后，如果生殖器外翻，并且外翻的生殖器前端有米黄色稠液，说明雄蜂已性成熟；反之，若挤压后生殖器不外翻或外翻后看不到黄色的稠液，说明雄蜂还未达到性成熟。

32. 工蜂幼龄期是怎样生活与工作的?

1~6 日龄的工蜂，王浆腺等不发达，绒毛灰白色。3 日龄内的幼蜂，由其他工蜂喂饲，这些工蜂还担任保温、孵化和清巢等工作。4~6 日龄的工蜂，可调制蜂粮（蜂蜜和蜂花粉的混合物)，喂养较大的幼虫。

33. 工蜂青年期是怎样生活与工作的?

7~18 日龄的工蜂，王浆腺等腺体发达，绒毛较多。主要担任内勤工作。7~12 日龄的工蜂，喂养较小的幼虫。每只幼虫平均每天需喂 1 300 次，每只越冬蜂可育虫 1.1 只，春季的新蜂可育虫 3.9 只。13~18 日龄的工蜂蜡腺发达，担任酿蜜、调制蜂粮和泌蜡造脾等内勤工作，并逐渐出巢采集。

(1) 酿蜜　由外勤蜂采回花蜜，并从蜜囊中吐出，分给 3~4 个内勤蜂，经过它们反复吸入吐出调制 20 分钟，混入唾液和酶，存放于蜜房中。使水分由 50%~60%蒸发至 20%~25%，蔗糖转化为葡萄糖和果糖，经 4~6 天后即成熟为蜂蜜，然后封盖贮存。每 2 千克花蜜可酿制 1 千克蜂蜜。蜂蜜是蜜蜂的能量饲料，育成 1 万只蜂，需蜂蜜 1.14 千克。

（2）调制蜂粮　外勤蜂采回花粉，铲放于巢房，由内勤蜂咬碎混入蜂蜜、唾液和酶，再用头顶压实，经适当发酵，则成蜂粮。蜂粮是蜜蜂的蛋白质饲料，育成 1 万只蜂需 1.5 千克。

（3）泌蜡造脾　在流蜜期间，青年蜂饱食蜂蜜，经蜡腺细胞转化，分泌出蜡质。1 只工蜂一生分泌蜡 0.05 克，约 200 片。由于气候、蜜源等限制，1 只中等蜂群年产蜡 1~2 千克，每产 1 千克蜡需耗蜜 6~7 千克。

即 3.04 千克蜜转化成 1 千克蜡，加上泌蜡 1 千克，蜜蜂自身耗蜜量约为 3 千克，所以每产 1 千克蜡，实际需消耗 6~7 千克蜜。究竟产蜜合算还是产蜡合算，要看市场动态。

另外，目前有些新的理论认为，产蜡、产蜜并不矛盾，因为即使不产蜡，也不能多产蜜。

34. 工蜂壮年期是怎样生活与工作的？

18~30 日龄的工蜂为其壮年期。特点是腹部黑黄两色环带明显，体格健壮，主要从事外勤采集工作。据北京香山中国农业科学院蜜蜂研究所观察，外勤蜂 58%采蜜，25%采花粉，17%二者兼采或采水。

（1）采蜜　蜜蜂用“吻”吸取花蜜后，用来酿制蜂蜜，每次采集需“访问”成百上千朵蜜，蜜蜂最适宜的采集气温是 20~25℃，中蜂在 10℃以下，40℃以上时停止采集。最适宜的采集范围半径为 1 千米，有效半径为 2~3 千米。工蜂飞行山川需耗蜜 11 毫克，所以再远就不经济了。在采蜜期，每天出勤 8~10 次，每次 27~45 分钟，间隔 4~16 分钟。1 只工蜂 1 次可采蜜 35~40 毫克，一生出勤 80~120 次。1 个中等蜂群，平均全年自身耗蜜 90~100 千克，可提供商品蜜 25~50 千克。

（2）采花粉　蜜蜂落到花上，以绒毛黏附花粉，并收集于后足花粉筐中带回蜂巢，用其调制蜂粮或直接食用。每次飞行 6～10 分钟，采花粉 12～29 毫克。育成 1 万只蜂需花粉 0.9 千克，1 个中等蜂群年需花粉 15～20 千克。花粉是蜜蜂蛋白质饲料，平均含蛋白质 20%、糖 28%、脂肪 20%、矿物质 5%、水分 10%～20%，外界缺乏粉源时，可参照上述成分配制人工花粉补饲，一般用豆面粉、奶粉来代替。

35. 工蜂老龄期是怎样生活与工作的？

30 日龄以上的工蜂称老龄蜂，特点是绒毛磨光，体表光秃油黑。它们担任采水和部分采蜜工作。育虫期每群蜂日需 200～500 克水，通常酿蜜蒸发的水分即可满足需要，春季或干旱时则需采水。在蜂场中设置饮水器（水盆中加木条浮子），可减轻蜜蜂劳动或死亡。

此外，工蜂还担任采胶、调节温度和湿度、清理和保卫巢箱等工作。工蜂多说明群势壮，外勤蜂多说明采集力强，采集期或外勤蜂应占 50%左右。所以，有计划地使壮年蜂出现的高潮和主要流蜜期相吻合，是奠定丰产的基础。即主要流蜜期前 40 天，进行奖励饲养，扩大产卵繁殖，大量繁殖新蜂，到时投入采集。如果突然失王、巢内又无培养新王条件时，个别工蜂也能产卵，但只产不受精卵。这种现象犹如母鸡啼鸣，是不祥之兆，应予防止。

36. 工蜂的寿命多长？

在繁殖和采蜜季节，工蜂的寿命是很短暂的，一般只有 40 天左右，最长也不超过 60 天；但在越冬期工蜂能存活 4～6 个月，甚至更长。工蜂寿命的长短，主要取决于哺育幼虫的负担、采蜜的强度以及花粉供应充足与否。通常哺育幼虫少和参加采蜜少的工蜂，寿命更长；花粉供给充足时，工蜂寿命也要长些。

37. 工蜂主要承担的工作是哪些？

工蜂一生依据日龄变化（18 日龄）自觉担负起巢内外各项工作，基本上是按出房日龄依次承担清扫巢房、保温、饲喂幼虫、饲喂蜂王、酿蜜、泌蜡筑巢、采集以及守卫巢门等工作。出房 18 日龄以内的工蜂主要负责巢内的各项工作，18 日龄以后开始从事巢外工作，主要有采蜜、采花粉、采水及守卫蜂巢等。工蜂这种依日龄而分工的现象是本能的，但也不是一成不变的。在非常情况下，工蜂也会按群体生存的实际需要自行调整相应的分工，使群体的生存与繁衍有条不紊地进行。

38. 工蜂有哪些腺体？其用途是什么？

工蜂身上有 4 种腺体。头部、胸部有唾腺、王浆腺，腹部有蜡腺、臭腺。唾腺有 2 对：一对为胸唾腺，位于胸腔内；另一对为头唾腺，位于头腔内。唾腺能分泌转化酶，混入采集的花蜜中，使花蜜中的蔗糖转化为葡萄糖和果糖。王浆腺位于头腔，能分泌蜂王浆，用以饲喂蜂王、蜂王幼虫和工蜂小幼虫。蜡腺位于工蜂腹部的第四至第七腹节的腹板上，能分泌蜂蜡，用来筑造蜂房。臭腺位于腹部末节背板上，能分泌标识性的气味招引同类蜜蜂归巢、结团、采水等，在蜜蜂信息传递上起着重要作用。可以说，中蜂身上的腺体，除臭腺外都具有生产产品的功能。

39. 中蜂是怎样传递信息的？

中蜂传递信息是通过舞蹈。舞蹈是蜜蜂的特殊语言。舞蹈有多种方式，不同的方式表达不同的信息。当发现蜜源的侦察蜂回巢后，它们会按照蜜源的远近、方位、数量用圆圈舞或摆尾舞表演给同伴看。圆圈舞表示蜜源在近处，不具体表明方向。摇尾舞表示蜜源在远处，蜜源的距离是以一定时间内摇尾转身的次数精确地指示。至于蜜源的

方向，则是以太阳的位置为基准，用舞圈中轴线和重力线所形成的夹角指示。即使是阴天，蜜蜂也能接收透过云层的紫外线察觉到太阳的位置，仍可用舞蹈语言传递蜜源信息。

40. 工蜂采集蜜源的有效范围是多大?

在蜜源较丰富的情况下，工蜂采集活动大体在蜂巢周围半径 2.5 千米的范围内，采集面积在 1 200 公顷以上。如果蜂群附近缺少蜜源，采集的距离会扩展到半径 3~4 千米范围内。工蜂的飞行高度可达到 1 000 米左右。

41. 工蜂是如何采集花蜜的?

根据回巢的侦察蜂提供的信息，采集蜂出巢后直接飞向蜜源地。落在花朵上，将长长的喙伸至花朵蜜腺吸收花蜜，并将吸取的花蜜贮存在蜜囊中。蜜囊中有控制阀，能控制蜜囊中的花蜜不进入消化道。待蜜囊的花蜜贮满后，采集蜂在花朵上吸蜜和在巢内吐蜜的过程中，唾腺会分泌转化酶混入花蜜，使花蜜在其后的酿造过程中慢慢地变为蜂蜜。采集蜂出巢 1 次平均能采 40 毫克花蜜，最多能采 70~80 毫克。1 只采集蜂平均每天出巢采蜜 10 次左右。采集 1 蜜囊的花蜜要几十朵至 1 000~2 000 朵花。1 个有 4 万只蜜蜂的蜂群，在蜜源良好的情况下，1 天能采集并酿造出 5 千克左右的蜂蜜。

42. 工蜂是怎样将花蜜酿成蜂蜜的?

蜂蜜和花蜜是有本质区别的。采集蜂从花朵上采来的甜汁为花蜜，是酿造蜂蜜的原料，需要经过工蜂酿制才能转变为蜂蜜。酿蜜工作主要由内勤蜂承担，酿制过程相当烦琐，主要包括不断加入转化酶和蒸发水分两道工序。花蜜需要经过几十小时不停酿制才会变成蜂蜜，最后被集中于巢脾上部或边脾的空巢房内，用蜡封上盖，即成所谓的成熟蜂蜜。

43. 工蜂育儿能力多大？

在蜂群繁殖过程中，1只越过冬天的工蜂在春天仅能养活1~2条幼虫，当年新出生的1只工蜂则能养活近4条幼虫。1脾子在春天能羽化出2.5~3脾中蜂，夏天1.5脾中蜂，秋天1脾中蜂。

因此，早春繁殖要求蜂多于脾，夏秋要求蜂脾相称。一个原则，有多少蜂养多少虫，虫口数量与工蜂哺育能力相称。

44. 什么叫自然分蜂？

自然分蜂是中蜂的群体活动，当气候温暖、蜜源丰富、群势旺盛时，群内就培育新王出台，而老王和近半数工蜂离巢出走另成一群，称为自然分蜂。

45. 自然分蜂的因素是什么？

促使蜂群发生分蜂的内在因素：群体强大，群内卵虫少，哺育蜂大量过剩；外在因素：巢内拥挤，通风不良，蜜粉多，缺少造脾的空间等。

46. 自然分蜂的征兆是什么？

初期征兆：分蜂前8~15天，群内建造雄蜂房和王台，培养雄蜂和新蜂王。

中期征兆：分蜂前2~7天，王台封盖后，工蜂逐渐停喂蜂王，使其腹部缩小，产卵减少，以利分蜂飞行。

近期征兆：分蜂前1~2天，工蜂怠工，饱食蜂蜜，箱内骚动不安，部分工蜂散到箱外挂串结团，振翅发声，即分蜂迫在眼前。

47. 自然分蜂的状况怎样？

（1）起飞　工蜂由少到多，拥出巢门，1～2 分钟后，名副其实地蜂拥而出，把蜂王拥在中间，略事盘旋后落在附近树干、墙角等处，结成蜂团，停留 2～3 小时休整，等待侦察蜂寻找“新居”。这时最易收捕，否则蜂群远走高飞，就不好收捕了。

（2）二次起飞　等侦察蜂找到合适住处后，带领蜂群集体飞离前往，犹如“峰云”和“彗星”一样，离地不高，前进缓慢。这时仍可跟踪、拦截，迫降收捕。

（3）降落　蜂群到达新居后，犹如骤密雨滴一样洒落下来，拥进巢门。一些工蜂在巢门口振翅发声，招呼同伴进入。

（4）筑巢定居　进入新居后，立即泌蜡造脾，营造新巢，并开始守卫，准备采集。一经分群定居，分出蜂就把“老家”忘得一干二净，即使冻死饿死，也决不再返回。中蜂可连续多次分蜂，意蜂一般 1 年分 1 次。

48. 怎样预防自然分蜂？

加强通风，扩大巢门，启开纱窗；增加空脾，扩大蜂巢，消除拥挤；及时取蜜，加放巢础，提供发展余地；适时更换老王，剔除自然王台；剪掉王翅，避免王走。

49. 中蜂是怎样调节巢内温度的？

蜂群内的温度与群内有无蜂儿有关。当蜂群内无蜂儿，工蜂总是千方百计使群内温度保持在 34. 4～34. 8℃，以便于蜂儿的发育生长；当群内无蜂儿时，蜂群内的温度要求不很严格，可在 14～32℃范围内变动。

要维持蜂群内温度恒定，必须以一定群势大小为基础。实验证明：只有当蜂群内的工蜂数量达到 15 000 只，才能维持群内温度恒定。因此，在养蜂生产中，特别是早春，切勿将弱小蜂群的保温物随便除去，否则会引起蜂群受冻而使早春繁殖失败。

在有蜂儿蜂群内，当外界的气温十分低时，蜜蜂为了维持群内34.4~34.8℃，主要通过以下3条途径。一是靠成年蜂加速食蜂蜜，加速新陈代谢而产生能量；二是成年蜂密集结团；三是蜂群内的幼虫和蛹呼吸产生的热量。当外界气温大于34.8℃时，中蜂就以下3种方法来降低温度至34.8℃：一是靠成年蜂分散，爬到蜂箱壁、箱底和箱外；二是中蜂采集水，并把水分涂在巢房、箱壁等地方，使水分蒸发吸收箱内热量，达到降温；三是有部分工蜂自动在巢内和巢门口排成几列长队，用翅膀往同一方向高速而协调扇风，以之加强空气流通，散发热量。

50. 中蜂是怎样调节巢内湿度的?

在有蜂儿的蜂群内，工蜂能维持群内的湿度为35%~75%，这种湿度正好是蜂儿发育的最适湿度。

在自然条件下，温度和湿度这两个因素同时存在，而且是密不可分的。水分的蒸发提高了湿度，同时又降低了温度。在了解了蜂群内的温湿度后，人们可以有目的地创造有利于蜂儿发育的温湿度，这对加强培育蜂儿和提高工蜂采集积极性，都有重大意义。

51. 中蜂繁殖的最佳温度是多少?

中蜂繁殖的最佳温度34~35℃。蜂巢内如果没有蜂儿，温度的变化在14~32℃，蜂巢温度的变化大致与外界气温的变化相同。蜂巢内有蜂儿时，有蜂儿的部分温度就稳定地保持在32~35℃；蜂巢外侧没有蜂儿的部分，温度在20℃上下。

蜂儿对蜂巢里温度的变化是非常敏感的，在32℃以下和36℃以上的温度，就会影响蜂儿发育期推迟或提早，而且羽化的中蜂不健康，特别是翅的发育不齐全。蜂群能感觉出温度0.25℃升降的变化。当温度在34℃时，它们开始积极地增加蜂巢温度，当温度升高到

34.4℃时，加温反应随着终止；但在温度升到34.8℃时，中蜂就产生使蜂巢降温的反应。

中蜂还用增减子脾上覆盖的密度来保持适宜的巢温。在夜间寒冷时，中蜂离开边脾和空脾的下部，紧密地聚集在中间子脾上，减少散热面积，增加蜂群的温暖。随着外界气温的上升，蜂巢变暖，中蜂又渐渐地扩散开。

52. 中蜂对温度的耐受临界面是多少？

中蜂属于变温动物。单一中蜂在静止状态时，其体温与周围环境的温度极其相近。中蜂的个体安全临界温度为10℃。在11℃时，翅肌呈现僵硬；在7℃时，足肌呈现僵硬。当气温降到14℃以下时，中蜂逐渐停止飞翔。气温达40℃以上时，中蜂几乎停止田野采集工作，有的仅是采水而已。

蜂群中的封盖子对温度的变化极端敏感。用恒温箱在不同温度下饲养封盖子的实验证明，蜂子在20℃时，经过11天死亡；在25℃时，经过8天死亡；在27℃时，通羽化成中蜂，但都立即死亡；在30℃时，能全部羽化成中蜂，但都推迟了4天；在35℃时，蜂子全部在正常时期羽化；在37℃时，工蜂的发育期虽然缩短3天，但封盖子却大量死亡，并出现许多发育不全的中蜂；在40℃时，蜂子全部死亡。

53. 中蜂有个“三”的规律，你知道吗？

中蜂“三”的规律是一种奇妙现象，它有助于人们对中蜂的了解和学习时掌握。“三”的规律如下。

① 蜂群中有3种类型的蜂。蜂王，发育完的雌性蜂；工蜂，发育不完全的雌性蜂；雄蜂，雄性蜂。

② 三型蜂的卵期均为3天。工蜂幼虫前3天吃蜂乳，后3天改吃营养远不如蜂乳的蜂粮（蜜粉混合物），所以成为发育不完全的雌性蜂。蜂王整个幼虫期都吃蜂乳，所以发育成完全的雌性蜂。

③ 工蜂由卵、幼虫、蛹到成虫，整个发育期为21天（即3周），而雄蜂整个发育期为24天，比工蜂多3天。

④ 工蜂的一生可分为3个时期，即发育、内勤期和外勤期，每个时期为3个星期。

⑤ 内勤蜂的主要任务有三项，即哺育幼虫、泌蜡造脾、酿制蜂蜜。

⑥ 外勤蜂的三项主要任务是采花蜜、采花粉和采水。

⑦ 养中蜂的三要素为蜜源、气候或蜂种。

54. 中蜂的发育需要哪些营养物质?

中蜂的发育需要的营养物质包括蛋白质、脂肪、碳水化合物、维生素、矿物质和水分等。在有蜜源时，这些营养物质都能从所采集的花粉和花蜜中获得；在蜜源缺乏季节，尤其是缺少花粉时，蛋白质明显供应不足，工蜂寿命缩短，影响幼虫的哺育。因此，在缺少花粉的季节，应及时补充蛋白质饲料。还应经常补充矿物质，可结合喂水适当喂些低浓度盐水。

55. 饲养中蜂强群的优越性是什么?

强群蜂多，能多采蜜，多生产蜂王浆以及其他蜂产品；强群培育的工蜂体壮、蜜囊大、寿命长、采集力强；强群越冬时死蜂少，蜜蜂平均耗蜜量较少，能较好地保持蜂群的实力，有利于翌年的繁殖和生产；强群适应性强，抗病力强，平日管理较省工，可以采用多箱体方式生产蜂蜜，生产的蜂蜜质量好；强群能较好地利用早期蜜源，节省饲料。

四、中蜂的良种繁育

1. 怎样进行引种?

引种要有目的，不可盲目引种。引种要引适合本地生产的蜂种，最好从科研部门推广的品种进行引种。一旦引入蜂种，要利用诱王技术将种蜂王诱入蜂群，并隔离饲养一个阶段，经考察没有传染病后方可在本场育王换种。

2. 蜂种为什么会退化?

蜂种退化是指蜜蜂的经济特性受到环境因素或遗传因素的影响而减弱或消失的现象。主要原因：一是多年饲养一个品种，多代近亲繁殖，造成蜜蜂个体生活力逐代减弱，导致种性退化；二是杂交种，由于没有及时换种，导致控制优良性状的基因分离变异，优势明显减退；三是长期不注意选种，随机育王，不及时换王以及饲养条件不利等因素导致蜂种退化。

3. 引种有哪些方法?

把外地或国外的优良蜜蜂品种、品系引进本地，称蜜蜂引种。引进的蜂种一般多用作育种素材，有的也可直接用于生产。

引种的方法一般多为引进种蜂王。可将种王放在备有炼糖和 10 只左右青年工蜂的王笼中，邮寄或随身携带。种王到达种蜂场后，最好将蜂王介绍进由幼蜂组成的无王群，或采用间接法介绍给无王群，这样比较安全。为育种及科研需要，最好采用直接引进种群的方法，也就是要把工蜂、蜂王、雄蜂整群引入。这样可确保该蜂种亲代和子代之间在遗传学上的一致性，便于对其种性进行鉴定考察。但这种方法因整群运输，较为困难。当生产单位需要在短期内大规模引进某一纯种，以便更换原有蜂种时，可采用引进卵脾的方法。此法适合较近距离引种。引进卵脾要分两次进行，至少间隔 4 个月，第 1 次引入待处女王交尾后，需全部更换掉原来的老蜂王。原来的老蜂王所产的雄蜂死亡后进行第 2 次引进卵脾育王，并采取隔离交尾，以保证交尾纯度。

4. 引种应注意哪些问题?

① 引种要有明确的目的性，防止盲目性。

② 准备引进的蜂种一定要进行严格检疫和隔离试养，防止病虫害的带进和传播。

③ 引进的蜂种应有优良的经济性能和育种价值。

④ 引进直接用于生产的纯种或杂交种，最好要经过有关单位的试验，或已推广过的品种，使引进的蜂种能很好地适应引种地区的气候和蜜源条件，发挥出优良的生产性能。

5. 什么是选种?

养蜂业中的选种，是指在同一种内对种群（父群和母群）的挑选。无论通过什么途径育种，都离不开种群的选择，种群的好坏直接关系到子代蜂群的优劣。这一工作，是养蜂育种的基础。

6. 从哪些方面进行选种?

主要通过对蜂群的经济性状、生产力、形态特征等方面鉴定考察来选代完成。

蜂群的经济性状是指那些与蜂群生产力有着密切关系的生物学特

性。它是由蜂王和工蜂共同体现出来的。经济性状是多方面的，归纳起来，可分为产育力、群势增长率、分蜂性、采集力、抗病性以及抗逆性等。

蜂群生产力是指某蜂种或蜂群生产蜂产品的能力，它是蜂群经济性状的综合结果。蜜蜂育种工作的最终目的，就是要选育生产力强的蜂种，以适应养蜂生产的需要。生产力可用蜂蜜、王浆、花粉、蜂蜡、蜂胶等各项蜂产品的年产量来衡量。

形态特征鉴定：蜜蜂的每一品种、品系除了具有特定的经济性状外，还具有特定的外部形态特征，根据这些外部形态特征可将各品种、品系区别开，同时也可判定一群蜂的纯杂。无论蜂种资源调查还是原种保存、提纯复壮、纯种选育和杂交育种都要用到形态特征鉴定。我国蜜蜂育种工作者在对蜜蜂进行形态鉴定时，通常只测定三型蜂的体色，工蜂喙长、第 3 腹节背板长度、第 4 腹节背板绒毛带宽度、第 5 腹节背板覆毛长度、前翅的长和宽、肘脉指数。

选种工作中除了对上述内容进行考察外，还有一些与蜂群管理关系密切的性状需要考察，这些性状分别是蜂群温驯性、清巢习性、防卫性能、定向性、盗性、造赘脾习性和蜜房封盖类型等。

7. 如何进行选种?

养蜂业的选种，狭义上是指在某个蜂种或育种素材内挑选种群。在选种时，既要看蜂群的经济性状和生产力是否优良，又要考虑某些主要形态特征是否一致。只有将优选和纯选结合起来，才能选出优良的种群，使蜂群的优良性状稳定遗传给后代。

优选：把各蜂群放在同一蜂场，调整蜂群使群势基本相等，在同样的环境条件和管理技术水平进行饲养，对每群的经济性状和生产力进行考察，对考察结果进行比对，从中筛选出经济性状和生产力表现好的几群蜂，留作种蜂。

纯选：通过测定和测量中蜂的体色和某些外部器官的形态指标，分析蜂群形态性状的一致性，选择形态一致的蜂群作为种群。

8. 如何利用杂交优势?

选用优良的中蜂杂交种，可实现蜂产品的大幅度增产。但利用中蜂杂交种进行生产，要定期换种，因为杂种优势只表现于杂种一代，随杂交代次的增加，杂优性能会迅速减退。

(1) 购入优良中蜂杂交种　可以直接从种蜂场购入优良中蜂杂交种蜂王直接投入生产。如果要自繁自用，可以每年从种蜂场购入中蜂杂交种的母本蜂王和父本蜂王，在本场自行配置中蜂杂交种，但这需要在很大范围内的所有蜂场统一用种、统一换种，否则无法控制自然交尾，得不到理想的杂交种。

(2) 进行经济杂交　每年从种蜂场买 1 只纯种蜂王作母本蜂王，育出的处女王和当地雄蜂随机交尾，由这些蜂王发展起来的蜂群也有一定的杂种优势。进行经济杂交时，最好每年购入 1 只种性不同的蜂王作母本蜂王。

9. 如何自行培育优良蜂种?

根据自己的育种目标选择本场蜂群中此类表现突出并且形态性状较为一致的蜂群作种群，用它们大量培育处女王进行进一步考察和选择，可以自行培育出较为优良的蜂种供本场使用。

10. 如何获得良种蜂王?

良种蜂王产卵力强，群势大，分蜂性弱，所产工蜂个体大、喙长、采集力强、性情温顺、抗脾能力强、高产、抗病力强，养蜂效益好。

良种蜂王可以通过下列渠道获得。

(1) 在本场选择良种　中蜂蜂王有两种体色：一种系枣红色蜂王，个体较大，产卵力较强，群势大，分蜂性弱，不发生飞逃；工蜂体色偏黄，蜜蜂产量高，但抗病性能差，可用此群作母本培育蜂王。

另一种系黑色蜂王，个体较小，产卵力弱，群势较小，分蜂性强，好飞逃；工蜂体色偏黑，蜜蜂产量较红色蜂王群产量低，但抗病性能强，可用此群作父本培育雄蜂。

（2）从外地引进良种　从外地蜂种生产部门引进良种，防止中蜂品种退化。用引进的优良良种作母本，本场生产性能优良的蜂群作父本培育蜂王，避免蜂王近亲累代交配，防止中蜂品种退化，维持强群。

11. 怎样培育配种雄蜂?

（1）培育时间　中蜂雄蜂的发育历期为23~24天，出房后10~11天性成熟，才能与处女王交配，从卵到性成熟共计33~36天；处女王的发育历期为15~16天，出房后3~4天性成熟，从卵到性成熟需18~21天。雄蜂和处女王从卵到性成熟时间相差15天。因此，要使同场雄蜂与处女王的性成熟相吻合，必须在培育处女王前40天开始培育种用雄蜂。

（2）培育条件　雄蜂的职能是与处女王交配，其种性的优劣、体质的强弱对培育新蜂群后代的遗传性状和品质高低有直接影响。因此，在培育配种雄蜂时，必须具备下列条件。

一是在优质蜂王强群中培育雄蜂。优质蜂王品质好，对蜂群后代遗传性状优良。强群巢温适宜，哺育蜂多，哺育力强，蜂乳充足，雄蜂体质健康。

二是巢内蜜粉要充足。种用雄蜂和种用蜂王对蜂群后藕带遗传性状各占一半，因此必须重视雄蜂的培育，要加强饲喂，缺蜜的饲喂蜂蜜，缺粉的补喂花粉，一直喂到雄蜂幼虫封盖为止。

三是培育最好的时期春末夏初，分蜂期的适宜时期，此时蜂群为了分蜂，供工蜂的哺育热情高、积极性强、蜂乳充足，培育的雄蜂体质强壮。

12. 培育蜂王的基本条件有哪些?

(1) 丰富的蜜粉源　外界有蜜粉源植物开花，花期可延续40多天，能给蜂群提供充足的新鲜饲料。巢内蜜粉充足，适龄工蜂可分泌大量蜂王浆，蜂王幼虫得到丰富的营养，方可培育出优质蜂王。

(2) 温暖而稳定的气候　气温回升、稳定，保持在20~25℃。通常春末夏初第1个蜜源前夕，是中蜂的分蜂期，此时气候稳定。分蜂期前15~20天，蜂群出现分蜂热，工蜂大量建筑王台，人工移虫育王接受率高，是培育蜂王的适宜时期。

(3) 有大量的优质雌蜂　只有贮备大量的优质雄蜂，处女王才能择优交配。分蜂期雄蜂最多，是处女王交配的最佳时期，可在此段时间内大量培育蜂王。秋季，蜜粉源逐渐减少，蜂群处于收敛期，工蜂将雄蜂驱赶至巢脾下角和箱底，饥饿的雄蜂与先天不足的处女王交尾，培育不出优质蜂王。

(4) 拥有强大的培育群　选择有分蜂热或自然交替倾向的强群作为培育群。若是有王群，蜂王年龄应在1年以上，群内有10脾蜂8张脾，有大量6~8日龄的泌浆蜂。群势不足的可提前6~7天从健康群内抽调正出房子脾带蜂补充。适当抽出卵虫脾，以减少工蜂哺育幼虫的负担。

13. 育王需要哪些工具?

(1) 育王框　育王框上框梁长485毫米、宽10毫米、厚20毫米，两耳板长235毫米、框10毫米、厚10毫米。台条长415毫米、宽10毫米、厚5毫米。框架内有4根台条，可以转动，便于粘台、取台。每根台条可粘蜡盏25~30个。育王框可自行用木材制作，木材材质要坚实耐用，以防断裂。

(2) 蜡棒　蜡棒是制作蜡盏（台基）用的木制圆形模型棒，长12厘米，蘸蜡的远端直径7~8毫米，距圆端8毫米的直径为6~7毫米。

(3) 移虫针　移虫针是育王或生产蜂王移虫的一种小工具，有弹力移虫舌、金属移虫针、鸡毛移虫舌等。一般使用弹力移虫舌，由塑料管、活动推杆、水牛角片制的移虫舌组成。如果蜂具商店无销售，可在鸡翅膀上拔一根鸡毛，用刀片削制。

(4) 蜡盏　蜡盏是人工培育蜂王的台基，用蜜盖蜡制成。将蜡棒浸泡于冷水中，蜜盖蜡放于容器内火炉上熔化。将蜡棒从水中取出，甩掉水珠，直立于熔化的蜡液中，立即取出，冷却后再浸一下。第1次浸5毫米深，然后每次加深1毫米，经过3~4次浸蜡，形成1个直径7~8毫米的蜡盏。然后再放入冷水中浸泡1次，左手拇指、食指、中指捏住蜡盏，右手轻轻旋转蜡棒，取下台基即成。

14. 育王有哪些方法?

(1) 集中自然王台育王　每年春末夏初第1个蜜源前夕，60%~70%的蜂群内出现分蜂王台，可抓住这一良好机会，培育一批优质蜂王，进行分蜂和换王。将那些优质蜂王强群中正直粗大的王台，每脾选留1~2个，连脾带蜂汇集到一个优质蜂王强群中养护。

自然王台多为分蜂性强的蜂群所造，其出房后的蜂王遗传基因中仍然保持着分蜂性强的特性，难以维持强群。

(2) 削脾用大卵育王　将种王放在小区的1张封盖子脾上控产3天，然后放1张下部边缘未产卵的封盖子脾，让种王在其边缘上产卵。翌日提出育王巢脾，用锋利的快刀削去巢脾下缘无卵的部分，使卵正好处于刀口的边缘上。削好的育王巢脾插入大区，让工蜂筑造王台。如果不在分蜂期，必须提出蜂王，否则工蜂不会筑造王台。工蜂筑造王台以后，再将蜂王提回小区，实行有王群分区育王。紧缩巢脾，让蜂群高度密集，工蜂会在巢脾的切削处建筑多个王台。

采用削脾大卵育王的方式，虽然能培育优质蜂王，但是数量有限，常供不应求。

(3) 人工复式移虫育王　要想获得大量的优质蜂王，为分蜂和更换老、劣、病王使用，必须采用人工复式移虫育王技术。

① 第一次移虫。移虫的前一天晚上，对取虫用群进行大量奖励

饲喂，增加工蜂的泌浆量，以利于移虫。移虫时，先将育王框插入哺育群，让工蜂清理打扫台内的废物，10~15 分钟后提出移虫。保证移虫时室内温度在 25℃左右。将活隔板平放在小桌上，育王框平放在隔板上，台口向上。最好在有分蜂热的蜂群内，找 1~2 个未封盖的自然王台，用移虫舌挑去幼虫，将台内的王浆用移虫舌向育王框的每个蜡盏内点 1 滴摊平，可提高接受率。第一次移虫，可任意提取其他健康群内的削幼虫脾，将刚刚孵化的 1~2 日龄小幼虫，用弹力移虫舌移往点有王浆的蜡盏内。移虫时，将移虫舌从幼虫背部伸入幼虫身躯底部，把幼虫带浆托起在舌片端，慢慢地推浮在蜡盏内色王浆上面，再轻轻地抽出移虫舌。1 只小幼虫只允许挑 1 次。移虫完毕后，要将育王框立即插入哺育群。

② 第二次移虫。提出育王框，检查在哺育群内经工蜂哺育了 1 天的小幼虫，凡是王台加高的，表明蜂群已经接受，台内输有王浆。王台未加高，表明幼虫已经死亡，台内没有王浆。用移虫舌把有王浆台内的幼虫挑去，没有王浆的王台，用移虫舌从其他王浆多的台内匀进一些，摊平，然后进行复试移虫。这次移虫是正式育王。按第一次移虫的程序，将脾上刚刚孵化的 1~2 日龄小幼虫，用弹力移虫舌移入蜡盏内，使幼虫浮在王浆上面。移好虫后，立即将育王框再插入哺育群。移虫 2~3 天，再育少量王台，用于交尾失王、围王时补救。

人工复式移虫育王可获得大量的优质王台，能满足蜂场的需要，用于分群和更换老、劣、病王。

15. 人工移虫育王时，究竟采用单式移虫好还是复式移虫好？

在蜜源丰富，蜂群分蜂季节人工育王，采用单式或复式移虫，育出的蜂王质量基本上是一致的。但是在蜜源条件较差时，人工育王宜采用复式移虫，这样育出的蜂王质量比较有保障。

16. 育王前让蜂王停产几天为宜？能否让蜂王直接在育王框上的王台内产卵？

育王前控制蜂王停产 10 天左右为宜，这样放王后种王开始产的卵粒较大，用这些大卵培育出的蜂王个体大，产卵力强。如果长时间控制蜂王产卵，虽然也可以获得大粒卵，但因控产时间过长，过一段时间后，育王群的工蜂数量明显下降，对蜂群没有好处。以目前的技术，还不能直接让蜂王在育王框上产卵，只能采用移虫育王的方法培育蜂王。

17. 小规模养蜂如何育王才能做到快速育王，不影响采蜜？

在蜂群少、用新王数量不多的情况下，为了不影响繁殖和采蜜，可利用有王群继箱育王法，这种育王法能够做到换王、采蜜两不误。具体做法：待蜂群加上继箱比较强壮时，在巢箱和继箱之间加上隔王板。如果没有隔王板，也可用纱盖。在继箱上另开一巢门，把移虫后的王台放在继箱的幼虫脾和蛹脾之间。王台封盖后，将老王提到继箱，选大而直的王台，介绍到下面的巢箱内，巢、继箱之间用一块塑料布或覆布隔开，避免工蜂上下互通。王台出房后检查一次蜂群，如处女王无异常，以后 10 天内不要开箱。待新王产卵后 10 天，弃掉老王，将巢、继箱之间的塑料布换成报纸，用间接合并法合并巢箱与继箱，做到育王、换王同步进行。

18. 为什么要进行换王？

蜂王长期使用后产卵力下降，控制分蜂的能力变弱，维持群势能力差，蜂群抗病力下降。而新蜂王大都产卵积极、产卵量多、产卵速度快，具有较强的控制分蜂能力，所以及时换王能保证蜂群的健康发展，取得理想的经济效益。建议蜂场每年都进行换王，常年使用新王养蜂。

19. 育王群有哪几种形式？

育王群在不同时期可采用无王育王群和有王育王群等形式。一般多用有王群作育王群，有时为了提早培育处女王，提早分蜂，或外界蜜粉源条件较差，育王群对王台中的蜂王幼虫接受率很低时，也可以用无王群育王。

20. 怎样组织育王群？

育王群应在移虫前2~3天组织。

（1）无王育王群　移虫前，将育王群的蜂王提出，组成无王群。无王群要保留5框蜂以上，2~3张虫、蛹脾，1张蜜蜂脾，使蜂多于脾。补喂足够的饲料，使巢脾的空巢房贮满蜂蜜。组成无王群的第4天，在蜂多、脾少、蜜足的情况下进行移虫，育王框放在两张子脾之间。

（2）有王育王群　采用标准箱组织育王群：在巢箱和继箱间放1块隔王板，蜂王放在巢箱中。继箱内放2张幼虫脾，2~3张封盖子脾，2~3张蜜粉皮，其余子脾放在巢箱，巢箱中还应有1~2张空脾供蜂王产卵。

育王框放在继箱内的2张幼虫脾之间。采用卧式箱组织育王群：用框式隔王板将卧式箱隔成左右两部分，一部分为有王区，另一部分为哺育区。有王区内放3~4张即将羽化出房的封盖子脾和空脾；哺育区内巢脾排列的顺序从外向内分别是：蜜粉脾、封盖子脾、大幼虫脾和小幼虫脾。育王框放在两张小幼虫脾之间。

21. 怎样组织交尾群？

交尾群又称核群，是为处女王交尾而临时组织的群势很弱的蜂群，供处女王在交尾期间和交尾后一段时间内栖息用，一般只有1~2

框蜂，饲养于交尾箱中。交尾群主要分为用标准箱改制的标准巢框和使用小规格巢脾组成的小型、微型交尾群。

根据成熟王台的数量组织相应数量的交尾群。群势较强的交尾群，应在诱入王台的前一天午后进行组织，保持18~24小时的无王期。微型交尾群可在组织交尾群的同时诱入王台。

（1）*标准巢框交尾群的组织*　直接从正常蜂群中带蜂提出封盖子脾和蜜粉脾，放入交尾群中组成新蜂群。组织交尾群或交尾区时应保证有足够的蜜蜂和蜜粉饲料。

（2）*小型或微型交尾群的组织*　在原场组织，外场使用。每个交尾箱各放一小框子脾和蜜粉脾，加上隔板。蜂数不足时，从强群内提取巢脾，抖入中蜂进行补充。

22. 组织交尾群，应该用多少蜂合适?

组织交尾群时要做到既不浪费蜂力，又不影响新王的质量，最好是用0.5~1框蜂组织交尾群，待新王交尾产卵之后，立即补入1张正出房的老蛹脾，待这些老蛹脾出房后，并有八成空巢房都产上卵后，再补1张正出房的老蛹脾。这样才能最大限度地发挥新蜂王的产卵力，并且新分群能很快发展为生产群。

23. 导致新王产的卵不能正常孵化的原因有哪些?

导致这种现象的原因有内因和外因两个方面。

（1）*内在因素*　① 蜂王本身染色体发生畸变，致使产下的卵不能受精，甚至连单倍体的卵都不能正常孵化；② 蜂王卵巢感染一种让卵致死的病毒，使卵产下感染病毒死亡。

（2）*外部因素*　① 外界严重缺少花粉，造成蜂王产的卵不能孵化；② 使用的巢脾带有有毒物质或让蜂卵死亡的病原体，如夏季用升华硫抹脾防治小蜂螨，用药过量，造成蜂王停产或所产的卵不能孵化，由此原因造成卵不能正产孵化的应赶紧换箱、换脾，尽快将箱内残留的升华硫味清除，使蜂群恢复正常。

24. 是什么原因导致新王产的卵只能培育出雄蜂?

可能在无雄蜂季节培育蜂王，所培育的处女王在交尾时因缺少适龄雄蜂，没能正常交尾受精，才会出现育出的新王产未受精卵的现象。

25. 导致优购的种王介入蜂群后始终不产卵的原因有哪些? 怎么解决?

(1) 新购买的种王介入蜂群中不产卵，大致有以下 3 个原因

① 介绍方法不当，发生围王，蜂王受伤所致。

② 如果蜂王介绍顺利，没有围王，则可能是新王在种蜂场刚刚产卵就装笼出售。由于产卵时间短，新王产卵功能不完善，又经邮寄途中长时间囚禁，造成新王生殖器官萎缩，形成后天的寡产或不产。

③ 也有可能是蜂王先天发育不良。

(2) 解决以上问题的方法

① 引种者采用正确的方法介绍蜂王，尽可能避免介绍种王时发生围王。介入的蜂群应有充足的蜜粉及充足的哺育蜂。

② 种王场应对用户负责，先天发育不良的劣质王和产卵不足 15 天的种王最好不要提供。

26. 种王引回后能否作生产王用? 种王和纯种王有什么区别?

种王引回后可以作种用，也可以生产用。种王是所有种用蜂王的统称，而纯种王则是种王的一种。所谓纯种王，指同一品种蜜蜂的纯系或近交系蜂王。

27. 用简介介绍法给失王群介绍蜂王，导致放出蜂王后蜂王只产雄蜂卵的原因是什么？

首先，这是由于囚王时间长所引起的，尤其是刚交尾产卵不久的新蜂王，介绍时囚王太久，经常会出现这种情况。因为新王刚产卵中，卵巢尚未发育充分，交尾所获得的精液未完全转移到受精囊中，这时长期囚禁会使蜂王生殖系统失去后天发育的条件，产卵功能出现紊乱。其次，有可能是养蜂者在介绍蜂王的过程中，捉王和放王操作不当损伤了蜂王。解决办法是尽量减少囚王时间，一般囚王 3~4 天就要将其放出。

28. 蜂王剪翅对其产卵有无影响？

基本上没有影响，但要注意剪翅时不要太靠近翅膀的基部，并且只能剪掉一边的翅膀。

29. 如何在蜂王的胸背上做标记？

① 做没有数字号码的胸部标记比较容易，只需将一个有颜色的乒乓球剪开，放入 100 毫升丙酮浸泡 1 天，待乒乓球壳全部熔化于丙酮后，用小木棍蘸 1 滴丙酮胶，点在蜂王胸背上即可，点时量要少，薄薄一层即可。

② 做有数字号码的标记就要复杂些，具体做法：先请印刷厂用 150 克以上铜版纸印制出直径不超过 3 毫米的圆形数码圈，用圆形打孔器裁下，使用时先将蜂王用面网黑纱轻压在桌面或平板上，用小镊子夹出号码圈，在白色的丙酮胶中蘸一下，迅速贴在蜂王胸背上，即成为有数字号码的标记。

30. 什么是人工授精蜂王？怎样利用人工授精蜂王？

将性成熟的处女王放在人工授精仪上麻醉后，注入人工采取的雄蜂精液而受精的蜂王叫人工授精蜂王。用人工授精方法可以完全按人的意愿将蜂王配成纯种王、单交种王、双交种王。并且在育种时，不需要隔离控制区，减少许多麻烦。人工授精蜂王主要用于种用。

31. 如何预测蜂群的群势？

蜂群群势即蜂群的大小，1 足框子可以羽化成 2 脾蜂，工蜂的寿命通常为 40 多天。如 1 群蜂有 6 足框蜂，4 足框子，其中封盖子为 2 足框。那么，可预测这群蜂 21 天后群势将达 11 足框。因为 4 足框子全部羽化出房后形成 8 足框蜂，原 6 框老蜂约死亡一半。蜂王在产卵正常的情况下未封盖子与封盖子的比例约为 3：4，按照这个比例为基数，如未封盖子增加，说明蜂王产卵力增加，如封盖子增加，说明蜂王产卵力下降。

32. 如何维持强群？

（1）选用善产新王，利用双王群繁殖　蜂王年轻善产是维持强群的关键，对劣质蜂王应马上换掉。由于单王群群势有波动，总会出现一段时间群强，一段时间群弱的规律，如果采用双王繁殖则可以避免这个缺陷。

（2）注意治螨防病　螨病是蜂群一年四季管理中一刻也不能忽视的问题。一般情况下，在每年的入冬前和春繁前抓住断子期治螨的有利时机，狠杀几次螨，即可避免螨对蜂群的危害。

（3）保持较多子脾和充足饲料　子脾多后代就多，蜂群就旺盛，同时消耗饲料也多。因此，必须提供充足的饲料以保证幼蜂的健康发育和蜜蜂充足营养。

（4）预防蜂群产生分蜂热　蜂群一旦有了分蜂情绪就会怠工，

蜂王产卵下降。因此，要注意预防。

33. 如何饲养双王群？

组织双王群的时间，如果是为了加速蜂群的增殖、配以采集适龄蜂，应在本地主要流蜜期前的有效繁殖期内积累更多的采集适龄蜂。组织双王群的群势应达到 8 框蜂以上；如果组织双王群的目的是繁殖越冬蜂，则应在当地培育越冬适龄蜂的有效时间前 5~7 天进行，以便充分利用过剩的蜂群来哺育幼蜂。在生产期的任何时间，强壮的单王群可以随时组织双王群。

组织双王群的方法：一般是将巢箱用隔蜂板分成两区，群势小时搁置繁殖，群势大时叠加继箱，巢箱和继箱之间加隔蜂板，让工蜂互通。在生产期，如拟将两群 6 框以上的单王群组成双王群时，应以临近的两群为一组，将其中一群的巢箱挪动至两群原位的中间，巢箱上放纱盖，再将另一群蜂用叠加继箱的办法放入蜂王阻止双王群，应在巢箱和继箱之间加有隔王板，确认原王留在巢箱的前提下，用蜂王诱入器在继箱内诱入 1 只与巢箱蜂王同龄或略大一些的蜂王。待接受后，再按上述组织双王群的方法调整巢脾。

五、中蜂饲养管理技术

1. 如何选择蜂场的固定场址？

固定养蜂场地要求的条件比较严格，要有丰富的蜜粉源，交通便利，有水和电源，小气候适宜等。这些条件需要经过现场调研，可以安排部分蜂群在预选的地方试养一两年，取得实际数据以后再确定。

2. 如何选择蜂场的临时场地？

选择临时场地的原则与固定场地基本相同，需根据生产目的和季节而有不同的侧重。

（1）采蜜场地　要调查、了解主要蜜源植物的面积、生长情况和泌蜜规律；了解气候情况，前一年和当年的降水量，有无冻害和虫害，预测花期有无旱涝灾害；还要了解历年产蜜情况及蜂群分布密度。根据调查材料，进行综合分析，判断当年采蜜的把握度，然后联系确定场地。需要注意的是，不要将蜂场摆在主要蜜源之间隔有其他蜂场的地方，否则蜜蜂采集返回时，往往飞入其他蜂场的蜂群。

（2）采粉场地　着重了解粉源植物的面积和生长情况、气象预报，没有连续阴雨天气，就可以选定。

（3）繁殖场地　要求有连续交错的粉源和较丰富的辅助蜜源，交通方便和有水电即可。早春的繁殖场地，要考虑避风向阳。

（4）越夏场地　南方蜂群越夏主要是保存蜂群实力，应选择荫凉、通风、敌害少的地方。海滨傍晚的海风有利散热，胡蜂等敌害较少，特别是海滨地带种有芝麻、田青、瓜类等辅助蜜源的地方，对保

持发展蜂群有利。山区林场院，有利于遮荫降温，又有零星蜜粉源，适宜蜂群繁殖。但是，要特别注意防除胡蜂等敌害。

3. 建设蜂场应注意哪些问题?

一是不能将蜂场建在铁路、工矿（化工厂、农药厂、制糖厂、果脯厂、采石场等）和牧场畜棚附近，以免蜂群受到震动、干扰或中毒；二是不应建在高寒山区的山顶，容易产生强大气流的峡谷，容易积水的低洼地，以免蜂群受到寒风吹袭和潮湿的困扰；三是不宜将蜂场建在水域广阔的水库、湖泊以及与蜜源隔河相望的地方，以免蜜蜂被大风刮入水中，蜂王交配时也容易落水溺死；四是不经调查和试验，盲目建立固定蜂场。

4. 蜂群应如何摆放?

蜜蜂有识别本群蜂巢的能力，但是，如果蜂箱的式样和颜色一致，排列比较密集，有些蜜蜂也会迷巢，造成偏集。在排列蜂群以前，要根据蜂群数量、场地大小和饲养方式，以便于管理、不易引起迷巢和发生盗蜂为原则，预先做好计划。将蜂群排列到蜂场以后，不轻易移动位置。蜂箱前壁或巢门前，最好涂以黄、蓝、红、白不同的颜色，便于蜜蜂识别。排列蜂群有单箱排列、双箱排列、三箱排列、圆形排列等方式。单箱排列，蜂箱之间相距 1 米左右，各行之间相距 2 米；双箱排列，两箱为一组并列在一起，各组相距 1 米，前后行之间的蜂群位置要相互交错；三箱排列是以三群为一组，呈“品”字形排列。实践证明，“U”形和矩形排列，蜜蜂较少迷巢，一字形排列蜜蜂最易迷巢。摆放蜂群时，用砖将蜂箱垫起约 5 厘米，避免湿气沤烂箱底。蜂箱左右保持平衡，后部稍高于前部，防止雨水流入。蜂群的巢门通常朝南或偏东南、西南方向。在南方常有胡蜂、天蛾、蚂蚁、白蚂蚁等敌害，要用高 30 厘米左右的箱架将蜂箱架起。蜂箱巢门前放置孔径 6 毫米的粗铅丝网，防止敌害侵入。蜂箱附近地面铺细沙，可防蚂蚁。交尾群分散放置在蜂场外围，巢门方向互相错开，便于处女王返巢时识别。

5. 购买蜂群应注意哪些问题?

创办蜂场或扩大养殖规模都需要购买蜂群。购买蜂群一般要注意以下问题，即购买蜂群的季节、蜂种、蜂群群势、子脾状况、蜜蜂健康状况、巢脾质量、饲料状况、蜂箱和巢脾尺寸等。

6. 什么季节购买蜂群?

购买蜂群最好在春暖花开时节，或当地有丰富蜜粉源的季节。气候适宜蜜蜂繁殖，蜂群较易饲养，不易造成蜂群因饲料短缺而垮掉。秋季购蜂，蜜源缺乏，蜂群难饲养，又面临越冬，不但越冬饲料用量大，也容易失败。

7. 购买蜂群应注意的问题是什么?

所购买蜂群的蜂种和特点，购买前也应该了解。在有充足辅助蜜粉源，花期较长，适宜以蜂王浆生产为主的地方，就宜购买浆型蜂，而不宜购买黑色蜂种的采蜜型蜂。所购买蜂群最好是当地推广的优良品种。购买的蜂群应健康无病，工蜂体色鲜亮，群势较强，群内有适当比例的各龄幼虫，封盖子脾整齐，无插花子，幼虫饱满、健康有光泽。蜂王腹部硕大，修长，行动稳健，产卵正常。所购蜂群应贮蜜充足，巢脾新旧适宜，脾面平整，无太多的雄蜂房。另外所购蜂群巢脾的尺寸要标准，以防止因蜂群与巢脾的不配套，而无法使用。

8. 怎样购买蜂群?

开始建立养蜂场时，建议养蜂人购买一个核群（起始群)。核群是有 3~5 张巢脾的一小群蜜蜂。蜂群由一个产卵蜂王、一些成年工蜂和各个发育阶段的工蜂幼虫组成。起始群可以从当地已建立的养蜂

场购买。购买时应确保蜂群没有染病。

在核群到达之前，准备好空的标准蜂箱以供转移蜂群使用。把蜂箱放置在远离垃圾以及远离动物和小孩容易靠近的地方。确保巢门能够面对上午的太阳。购买到核群后，把它放在标准箱附近，然后移走巢门挡板。这将促使核群的工蜂出来飞行并熟悉新地点、新环境。

第二天再从核群中取出含有幼虫和成年蜂的每张巢脾，按照它们在核群中的原始排列顺序将其放置在标准箱中。之后，再放入额外的带有巢础的巢框，把蜂箱填满。

如果养蜂人已经有了土法饲养的蜂群，那么改变为科学饲养前，要先进行过箱。过箱前除要准备常用蜂具外，还要准备没有异味的蜂箱和巢框，以及竹夹、铅丝、硬纸板、蜂帚、剪刀、小刀、面盆、抹布、桌子、传脾板、收蜂器、载脾板等过箱工具。

9. 怎样对野生中蜂进行诱引和收捕?

我国广大山区中，野生中蜂资源十分丰富。收捕野生中蜂，并加以改良饲养，是经济实惠的好办法。

(1) 野生中蜂的诱引

① 诱引地点。

小气候环境是蜜蜂安居的基本条件。夏季诱引野生蜂，应选择阴凉通风的场所，冬天应选择避风向阳的地方。在坐北朝南的山腰突岩下，不受日晒、雨淋，而且冬暖夏凉，是最为理想的诱引地点，宜四季放箱诱引。另外，南向或东南向的屋檐前、大树下等也是较好的地点。根据野生蜂的迁栖规律，诱蜂地点春夏季节设在山上，秋冬季节设在山下。

诱引箱放置的地点必须目标显著，这才容易为野生侦察蜂所发现，而且野生蜂飞行路线应畅通，如山中突出的隆坡、独树、巨岩等附近，都是蜜蜂营巢的天然明显目标。

② 诱引时期。

诱引野生蜂的最佳时期为分蜂期。分蜂主要发生在流蜜期前或流蜜初期，应根据当地气候和蜜粉源的具体情况确定诱引时间。在野生蜂分布密集的地区，还可诱引迁栖的野生蜂。诱引迁飞蜂群，应视具体情况分析当地蜜蜂迁飞的主要原因，把握时机安置诱引蜂箱。

③ 合适的箱桶。

诱引野生蜂的箱桶要求避光、洁净、干燥，没有木材或其他特殊气味。新制的箱桶因有浓烈的木材气味，影响蜜蜂投居。新的箱桶应经过日晒、雨淋或烟熏，或者用乌桕叶汁、洗米水浸泡，待完全除去异味后，再涂上蜜、蜡，用火烤过方可使用。附有脾痕的箱桶带有蜜、蜡和蜂群的气味，对蜜蜂富有吸引力。

为了使蜂箱能够长久使用，可买一桶普通机油，烧开，将蜂箱放入油桶中泡一下，拿出晒干。

④ 箱桶的安置。

常见的蜂桶安置在平坦石块上，再用棕皮封住桶的上口，并覆盖树皮和石块遮阳防雨。当蜂群飞来，筑满巢脾后，取去稻草，剥掉棕皮，让蜂群向上发展。以后再过箱。

诱引野生蜂最好采用活框蜂箱，这样可以使野生蜂群直接接受新法饲养，减少过箱环节。采用活框蜂箱诱蜂，在箱内先排放 4~5 个穿好框线并镶有窄条巢础的巢框。有条件的最好事前把巢础交给蜂群进行部分修造。

诱引箱中放入适量的蜂蜜或白砂糖等糖饲料，以及每天上午 10 时左右在诱引箱附近燃烧旧脾，有助于诱蜂。诱引箱的摆放最好依附着岩石，并把箱身垫高些，左右应垒砌石垣保护，箱面要加以覆盖，并压上石头，以防风吹、雨淋及兽类等的侵害。

⑤ 检查安顿。

在诱引野生蜂群的过程中需经常检查，检查次数应根据季节、路程远近而定。在自然分蜂季节，一般每 3~4 天检查 1 次。久雨天晴，应及时检查；连续阴雨，则不必徒劳。

发现蜂群已经进箱定居，应待傍晚蜜蜂全部归巢后，关闭巢门搬回。凡采用旧式箱桶的，最好在当天傍晚就借脾过箱。

（2）野生中蜂的猎捕

猎捕中蜂就是根据野生中蜂的营巢习性和活动规律，寻找野生蜂巢，再进行收捕。猎捕野生蜂应在气候暖和、蜜粉源丰富的季节进

行，因为这一时期蜜蜂活动积极，群势较强，捕获后有助于蜂群迅速恢复。

① 寻觅野生蜂巢的方法。

寻找野生蜂巢，应选择晴暖的天气，在蜜蜂采集最活跃的季节和时刻进行。进山以后，若在山坳、山口、山顶和蜜源植物的花朵上未发现蜜蜂的踪迹，说明这一带没有野生蜂居住，不必再行寻觅。

搜索树洞：沿着林子边缘，以空心有洞的大树为搜索目标，认真寻找。

追踪工蜂：采用沿途追踪工蜂的方法，寻找蜂巢。

② 猎捕技术。

发现野生蜂的蜂巢后，要准备好刀、斧、凿、锄、喷烟器（或艾条）、收蜂笼、蜂箱、面网、蜜桶等用具，于傍晚进行猎捕。

猎捕树洞或土洞中的蜂群时，先用喷烟器或艾条从洞口向内喷烟，镇服蜜蜂；然后凿开或挖开洞穴，使巢脾暴露出来；继而参照中蜂过箱方法，割取巢脾，进行收捕。在收进蜂团时，应特别注意蜂王。

如果野生蜂群居住在难以凿开的岩洞中，收捕时，应先观察有几个出入口，留其中主要的 1 个出入口，其余洞口全部用泥土封闭，然后用脱脂棉蘸石炭酸、樟脑油、卫生球粉等驱避剂，塞进蜂巢下方，再从这个洞口套上 1 个圆锥形的铁纱罩，罩的另一端管口通入蜂箱。洞里的蜜蜂由于受驱避剂的驱赶而沿着铁纱罩进入蜂箱中。当看到蜂王已通过纱罩进入蜂箱，并且洞内蜜蜂基本驱出后，就可把收捕的蜂群搬回处理。

在野生蜂收捕过程中，应尽量保护好巢穴，并留下一些蜡痕，然后用石块、树皮、木片、黏土等将其修复成原状，留下人眼大小的巢门，以便今后分蜂群前来投居。

如果发现迁飞的蜂群，可用水或沙撒上去迎击，迫使蜜蜂中途坠落结团，然后再行收捕。

10. 怎样将蜂桶或岩洞的蜂群转移到活框蜂箱中?

准备过箱的蜂群，如吊在屋檐下或不便管理的地方，最好每两天移一尺，直到过箱的预定位置，然后放一个星期再过箱。土窝、崖洞蜂过箱后，待蜂群把脾修复，再搬到 5 千米外放 20 天以上，使蜜蜂忘掉原位后，再搬放在预定地点。

过箱时，以 2~3 人协作过箱，1 人脱蜂割脾，1 人嵌脾、绑脾、1 人传脾和把蜂团赶进收蜂器。过箱要干净迅速、少伤子脾，并清除蜡渣、残蜜。如果群多，可以分期过箱，以免工蜂误入他巢。还要预防冻伤子脾和把蜜沾在蜂和脾上。

老式蜂巢多用木桶、荆条、竹片制成。外面涂上牛（马）粪、稀泥。有立放、横放等形式，过箱方法不尽相同。凡是蜂巢可以翻动和拆开的，可采用翻巢过箱。

翻巢过箱是先把蜂巢搬到制脾场地，原位放新箱，打开蜂巢，再顺着巢脾方向把桶翻过来，轻敲蜂巢催蜂离脾，爬向高处进入收蜂器。也可喷一点淡烟以便加速蜜蜂进入收蜂器结团，然后再把收蜂器挂入新箱，收容回巢蜂。

将老巢翻位置，脾尖向上，应该迅速用刀沿巢脾基部紧贴巢壁逐一将脾割下，分别用托脾板送工作台重叠放平，避免折裂和沾染蜂蜜。凡可用子脾，都要立即嵌脾上框。蜜脾分别存放，榨干净蜜后化蜡。新空脾单独存放，备用。

把放在裁脾板上的子脾，以巢框上梁为准裁切，要保持脾的自然方向。再将裁好的脾顺着巢框上的铁丝用刀划沟，沟深以不划穿房底为准。待把铁丝嵌入沟中后，用裁脾板把巢脾抽来直立，绑上竹夹，吊脾线送入新箱，大脾放中间，蜜脾放两边，框距为一指尖。

绑好的巢脾都放入新箱后，把蜂团抖向巢脾，迅速盖覆布和箱盖。未抖完的蜂，扫到巢门前，让它们爬进箱内。收蜂器中的蜂团，可直接放巢框上。把隔板轻轻地靠近巢脾，强迫蜜蜂上脾。待大部分蜜蜂上脾后，把框距调为 1 厘米，再盖覆布和箱盖。

地洞、土窝蜂因蜂巢翻不动，可以选择容易操作的地方开始割

脾。逐脾喷淡烟驱蜂，将脾逐一割完，绑脾上框装入新箱，用硬纸片把蜂团铲到巢箱中，用稀泥堵死原巢门。新箱放在原巢门前，等蜜蜂把脾修复后，再用蜜蜂忘掉原位的方法把新箱放到预定位置。

如用新法饲养的中蜂，可借用其中几框抖掉成年蜂的子脾，放在备用的新蜂箱里，并将新箱放在要过箱蜂群的位置，收容飞翔蜂，并迅速将旧桶中的蜂团倒在蜂箱里，把割下已夹好的巢脾交给下一群蜂，这称为借脾过箱。最后将过箱的子脾还给借出子脾的蜂群。

也可以把招收到的自然分蜂团直接放在新式蜂箱里，根据蜂团的大小放 2~4 张巢础框，待催蜂上脾后，每天晚上用饲喂器饲喂糖浆半斤，直到蜂群能维持生活为止。这样既可使蜂群安居，又促进它们造脾繁殖。

11. 为什么要进行蜂群检查?

在蜂群的繁殖、生产、越冬等过程中，蜂群状况会经常改变，常会出现失王、病虫危害、饲料不足、盗蜂、围王、分蜂等一系列的问题。为了准确地了解掌握蜂群的某些情况，从而及时地发现问题，并采取适当的管理措施解决问题，必须对蜂群进行检查。

12. 蜂群检查有几种方法?

蜂群检查的方法包括开箱检查和箱外观察两种。开箱检查就是打开蜂箱盖，提出巢脾，对蜂群进行检查。这种方法的特点是烦琐，但准确可靠。开箱检查，又分为全面检查和局部检查。全面检查是开箱后，对每个巢脾逐项内容的检查；局部检查，是开箱后，对某个巢脾某项内容的了解检查。箱外观察是在不适宜开箱检查或无须开箱的情况下，通过对箱外、巢门口等表现出的特征或现象的观察分析来推断蜂群内部大概情况的一种检查方法。它的特点是简便、易操作，但需检查人员有丰富的经验。

13. 箱外观察可了解哪些内容？

通过箱外观察可以大致了解蜂群的越冬状况、蜂群是否失王、某些病虫害、农药中毒、盗蜂等情况。

14. 怎样进行箱外观察？

蜂群的越冬情况：用手提蜂箱后部，感到沉重，表明越冬饲料充足；反之，则有缺蜜的可能。如在巢门口发现许多巢脾碎渣和肢体残缺的死蜂，说明箱内有鼠害。如在天气温暖的中午，发现巢门前有稀薄恶臭的蜜蜂粪便，说明蜂群患了下痢病。

（1）是否失王　繁殖季节，巢门口工蜂进出繁忙，回巢工蜂携带花粉团的很多，表示蜂群正常，有王。如其他蜂群巢门口都进出繁忙，独有个别蜂群无蜂进出，且巢门口有一些工蜂在惊慌地爬动，此蜂群很可能失王。

（2）某些病虫害　蜂群巢门口附近发现有发育不全的残翅幼蜂爬行，表示蜂群可能已有螨害。若发现门口有白色或黑色的小半个黄豆粒大小的异样小石子状物，说明蜂群患了白垩病。

（3）农药中毒　巢门口突然出现许多死蜂，并且死蜂腹部小，翅上翘，吻伸长，有些后足上还带着花粉团，蜂群门口守卫蜂凶暴，易激怒，说明蜂群发生了农药中毒。

（4）盗蜂　特别在外界蜜粉源缺乏时，个别蜂群巢门口工蜂进出频繁，秩序混乱，工蜂互相咬杀，巢门口附近有许多死蜂，特别是出来的工蜂腹部饱满，出巢匆匆，表明该群正在被盗。而同时有个别蜂群采集积极，匆匆飞回只只腹大的采集蜂，说明该群在作盗。

15. 开箱检查如何进行？

开箱检查就是打开蜂箱，提出巢脾进行的检查。又分为全面检查和局部检查。全面检查是打开蜂箱，对每个巢脾进行逐脾、逐项检

查。全面检查的内容包括蜂王的有无和优劣；蜜蜂、封盖子脾、未封盖子脾、蜜脾、粉脾等全部巢脾的情况；有无病虫害；分蜂季节有无王台等。全面检查需要时间较长，对蜂巢的温湿度保持和蜜蜂活动有较大影响，检查次数不宜过多。

全面检查的方法是：打开蜂箱大盖，启开纱盖，放于巢门前，如果蜂群已满箱，可先取出靠一边第 2 张巢脾，放于备用继箱内；如果不满箱，可将边脾向外移动一框多距离，再逐一提脾查看。提脾时两手要紧握框耳，垂直提出蜂箱，巢脾位于巢箱上方，不要过高，巢脾被检查面朝向阳光，正对视线，与眼睛保持 30 厘米左右的距离。看完一面后，将上框梁竖起，并以上框梁为轴向外翻转 180℃放平，然后看另一面。全部检查完后，对检查内容作相应记录。

要了解蜂群的某些情况，或因气温低及易发生盗蜂季节，可提出个别巢脾进行局部快速检查。如要了解群内饲料状况，只需提出边脾查看，边脾储蜜充足，说明蜂群不缺饲料，反之，就应及时饲喂蜂群。要了解蜂王产卵状况，可提靠中间巢脾检查，如果巢脾上卵虫整齐，说明蜂王产卵正常，反之，说明不正常。

16. 检查蜂群时怎样预防蜂蜇？

检查蜂群前，要穿浅色长袖衣裤，系好袖口和裤脚，戴好蜂帽。身上不要带香皂、香水、汗臭等异味，检查蜂群前，不要吃葱蒜等刺激味较大的食品。打开蜂箱大盖、副盖和覆布时要轻稳，避免较大幅度震动。提脾前先用起刮刀撬松巢框，提脾要轻缓，放脾要慢，不要压死框耳下的蜜蜂。如果揭开覆布时，蜜蜂躁动不安，可稍停片刻，让工蜂情绪安定一下，再检查。也可手持一支点燃的香烟或一株燃着的香，轻烟会震慑蜜蜂，使之安静。检查个别性情暴烈的蜂群时，也可事先准备好喷烟器，开箱后，先对着框架上喷些烟雾，然后再逐脾检查。

一般长期放在浓密树荫下的蜂群比较爱蜇人，在蜂群摆放时，应尽量将蜂群摆放在花树荫下，或摆放蜂群的地方一天中能有一定时间晒到阳光。蜂群轻度农药中毒时，性情也比较暴躁，此时应尽量少开箱检查。

17. 怎样给蜂群饲喂糖（蜜）？

喂糖（蜜）又分奖励饲喂和补助饲喂，奖励饲喂是在蜂群繁殖期，蜂群储蜜尚足的情况下，为刺激蜂王多产卵和工蜂积极育虫而采取的给蜂群饲喂稀糖水或稀蜜水的饲喂方式。一般糖（蜜）与水的比例为 1∶1，每天或隔天饲喂 1 次，于傍晚进行。较强蜂群每群每次 0.5 千克左右，较弱群喂量适当减少。补助饲喂是指蜂群贮蜜不足时，在短时期内给蜂群大量补充饲料的饲喂方式。补充饲喂最好补给蜜脾，在无蜜脾时，可补喂糖（蜜）与水的比例为 2∶1 的浓糖（蜜）水。每次强群饲喂 2 千克左右，3~5 天补喂足。

18. 如何给蜂群喂花粉或花粉代用品？

在早春繁殖和其他缺粉季节，应适量给蜂群饲喂一些花粉或代用品，以保证蜂群提早繁殖与快速增长的营养需要。

早春繁殖给蜂群饲喂花粉，以本场前一年保存的花粉脾或脱下的花粉团最为理想。也可饲喂代用花粉或购买其他蜂场的花粉。饲喂外来蜂场的花粉一定要先将花粉消毒，方法是将花粉加适量水，捏成团，放入蒸锅蒸 30 分钟，凉后再去饲喂蜜蜂，这样可以避免花粉传播疾病。

一般蜂场喂花粉或代用品常采用抹脾法或框梁饲喂法。抹脾法是将稀蜜水吸潮花粉或代用品，再将其抹入空巢脾中，让蜜蜂取食。框架饲喂法是将花粉或代用品用蜜水或糖水调和成花粉饼放在框梁上让蜜蜂自由取食。此法方便易行，多为养蜂者采用。也有少数养蜂人员采用液喂法：就是将花粉代用品，如奶粉、黄豆粉、酵母粉等加入约 10 倍的糖浆中，经煮沸待凉后，于傍晚倒入饲喂器中，结合喂糖进行饲喂蜂群。喂量一般以第 2 天蜂群完全采食完为宜，喂量过大，容易导致饲料发酵变质。

19. 如何给蜂群喂水?

水是蜜蜂维持生命活动不可缺少的物质之一，一个正常的蜂群每天采水在 250 克左右。人工喂水可以减轻工蜂的工作负担。喂水方法一般采用箱内喂水或箱外喂水。

在外界气温较低的早春或晚秋，一般采用巢门口喂水的方法。这种方法是在巢门口前放一装满水的小口瓶或小盒，内放一脱脂棉棉条，一头浸在水中，另一头引入巢门口，让蜜蜂自行采水，这样可以避免蜜蜂外出采水冻僵。平时蜂场要设置简易喂水器，可在蜂场中放一装有水龙头的水桶，水龙头下装一有槽的饮水板，让蜜蜂自行采水。

当气候较温和时，可在箱内喂水。将水直接倒入喂糖的饲喂器中，让蜜蜂自由采水。夏季还可在副盖上放一条湿毛巾，并常向上浇水，既可以提供蜜蜂采水，又可以通过蜜蜂扇风挥发水分来降低巢内温度。箱内喂水一般量不要过多。

喂水的同时，可根据需要在水中添加少许食盐，一般浓度不要大于 0.05%，还可以加些维生素及其他药物。

20. 如何掌握不同时期蜂群饲料贮存的标准?

蜂群中花粉和蜂蜜贮存的多少对蜂群的繁殖及生产有很大影响。蜂蜜、花粉贮存过多，会出现蜜粉压子，影响蜂王的产卵数量，进而影响繁殖。相反蜂群内贮蜜不足，缺少花粉，会影响蜂王的产卵力及工蜂的哺育力，严重时还会使大幼虫被拖弃，同样会影响蜂群的繁殖。大蜜源流蜜季节，如果蜂群内贮蜜过多而不能及时取蜜，还会影响蜂蜜的产量。除蜂群越冬饲料要充足外，其他季节原则上应掌握饲料的贮存稍有富余即可。春季，蜂群恢复繁殖，每张巢脾保持 1 千克贮蜜，1 张花粉脾。随着蜂王产卵圈的不断扩大，蜜粉被逐渐消耗。到增殖期时，每张脾则只需保持 0.5 千克贮蜜，即仅需边角有蜜圈即可。而此时花粉的贮存需相对多一些，应有 1~2 张粉脾，以保证大量幼虫、幼蜂发育对蛋白质的需要。流蜜期，强群的繁殖区，只需保留 2~3 个子脾上的边角蜜，继箱的多余贮蜜都可在取蜜时取掉。但蜜源流蜜后期，所有子脾上的边角蜜就应完全保留，并适当留有较大封盖蜜脾。秋季繁殖期，要保持子脾上有边角蜜，每群还要至少有 1 张边蜜脾。转地放蜂时，为了巢脾安全和搬运方便，只需保留几张老巢脾的封盖边角蜜即可，不必留大蜜脾，更不能留新采集的不成熟蜜作途中饲料。而越冬饲料蜜则需尽量留足，以防止越冬后期蜂群因饥饿而死。

21. 繁殖期怎样布置蜂巢?

繁殖期，蜂王产卵一般喜欢在蜂巢中央部位的巢脾上，蜂巢的中央部位为子脾，靠边缘为粉脾和蜜脾。根据这一特性，蜂巢一般布置成两边侧为蜜脾，向蜂巢中央依次放置新封盖蛹脾、幼虫脾、卵脾和老蛹脾。这样布置蜂巢，既可有效保护对温度变化最为敏感的幼虫，又便于蜂群管理。正出房的老蛹脾被布置在蜂巢中央，巢脾上不断有新蜂出房，蜂王能很快在空巢房中产卵。待下次检查蜂群时，新蛹脾变为老蛹脾，卵脾变为虫脾，虫脾则变为新蛹脾，而老蛹脾变为卵虫脾。这时把两边的老蛹脾调入中间，其他巢脾依次外移，这样管理起来，既方便、有条理，又适合蜂群生物学特性，便于蜂王产卵。

22. 什么叫蜂脾关系?

蜂数和脾数的比例关系称为蜂脾关系。一般 1 张两面爬满蜜蜂的标准中蜂巢脾应有蜜蜂 2 000 只。每张巢脾的两面爬有蜜蜂约 2 000 只时，称蜂脾相称；多于 2 000 只时，称蜂多于脾；而少于 2 000 只时，则称脾多于蜂。在蜂脾关系中，人们常习惯于将蜂脾关系分成：蜂多于脾、蜂略多于脾、蜂脾相称、脾略多于蜂和脾多于蜂几种。

23. 怎样掌握不同时期的蜂脾关系?

在蜂群管理中采取什么样的蜂脾关系，必须根据气候、蜜粉源和蜂群内部的状况灵活掌握。春季，蜂群繁殖初期，气温较低，且不稳定，为了提高蜂群的保温能力，就应密集群势，使蜂多于脾。随着气温的回升，新蜂的出房，蜂群进入增殖期，蜂脾关系可逐步过渡为蜂略多于脾和蜂脾相称。气温稳定，外界蜜源流蜜，蜂群进入强盛期，为了防止分蜂和蜂群降温，蜂脾关系可调整为脾略多于蜂或脾多于蜂。采蜜期过后，群势下降，蜂脾关系宜调整为蜂脾相称。进入秋繁后，由于气温下降，蜜源条件差，为防止盗蜂和加强保温，培育健康越冬蜂，蜂脾关系应调整成蜂略多于脾。而整个越冬期，应尽量保持蜂脾相称。

24. 怎样了解蜂群是否有分蜂热?

分蜂是蜜蜂实现群体增殖的一种自然行为，蜜蜂进行分蜂的本能是长期社会性生活演化的结果，通常当气候温暖、蜜粉充足、群体壮大时，蜂群就会产生分蜂热。蜂群产生分蜂热会有一些征兆，通过对蜂群的检查，就可以发现这些征兆，从而断定蜂群是否有分蜂热。

蜂群产生分蜂热的先兆是：工蜂先造雄蜂房，大量培育雄蜂；巢脾下线出现王台基，老王在台基内产卵育王；工蜂出勤减少，部分工蜂停止巢内活动，聚集在巢内或巢门口；蜂王停止产卵，腹部逐渐缩小。蜂王在王台基中已产卵，是判定蜂群已有分蜂热的最可靠预兆。

25. 怎样预防和消除分蜂热?

预防自然分蜂，维持大群，提高蜂群的生产力，是蜜蜂饲养管理的一项重要任务。在饲养管理中，常采取一定的措施，预防和消除分蜂热。

在蜜粉源良好、蜂群繁殖迅速时，应适时加础造脾，扩大蜂巢，充分发挥蜂王的产卵力和工蜂的哺育力，增加工蜂的工作负担。个别强群封盖子脾较多，可抽调这些封盖子脾，换取弱群中的卵虫脾，加大强群的哺育负担，不使强群哺育力过剩。群势强大后，及早开始生产蜂王浆，使过剩的哺育蜂分泌的蜂王浆得以利用，生产蜂王浆是目前最有效的预防分蜂热的措施。炎热季节，扩大巢门，改善蜂群通风，遮荫、给蜂箱洒水降温等措施，对控制分蜂热，也有一定作用。

选用维持群势能力强的蜂种，用新王更换老劣王能起到很好的维持强群和控制分蜂的目的。但分蜂是蜂群的本性，当群势壮大到一定程度时，总会有分蜂热产生。在分蜂期，可每隔 8~9 天检查一次蜂群，割除雄蜂子，毁掉自然王台，可有效控制自然分蜂的发生。

26. 怎样处理自然分蜂?

自然分蜂如刚刚开始，蜂王尚未飞离蜂巢，可立即关闭巢门，打开蜂箱大盖，从纱盖上向蜂巢内喷些水，让蜂群安静下来。安静后开箱检查，找到老蜂王，用王笼把蜂王扣在巢脾上，并毁掉巢脾上的所有王台。在原群旁放 1 个空继箱，箱内放入几张空脾，1 张卵虫脾，1 张蜜粉脾，将扣王脾提入空箱，并放出蜂王，组成一个临时蜂群。这样飞出的工蜂会自然飞回，过几天待蜂王恢复产卵后，再并入原蜂群。

27. 怎样收捕自然分蜂团?

如果蜂王已随工蜂飞出蜂巢，并在附近树枝上或建筑物上结团，应等其结团后，再进行收捕。具体收捕方法是：用 1 根长竿子绑有少量蜜的巢脾，举至贴近蜂团的上方，招引蜜蜂爬上巢脾；爬满蜂后，取下巢脾检查是否有蜂王，并将其放入一事先准备好的空蜂箱内，盖上纱盖，关上巢门。同样方法再去招引其他蜜蜂，直至把蜂王招引到巢脾上。发现蜂王后，用王笼扣住蜂王，连巢脾一起放入空蜂箱内，打开巢门，其他工蜂会自然飞来。新分出的蜂群加入 1 张卵虫脾，1 张蜜粉脾，放置适当的位置，便形成了新蜂群。如正临取蜜季节，应

将收回的临时蜂群放在原蜂群旁。2~3 天后再并入原群，以强群取蜜。

28. 什么叫人工分蜂?

从 1 个或几个蜂群中，抽出一些子脾、蜜脾和数框蜜蜂组成新蜂群，并介绍进蜂王或王台，就叫人工分蜂。它是蜂场有计划地增殖蜂群的有效手段。

29. 怎样进行人工分蜂?

人工分蜂有一分为二分蜂法和联合分蜂法及补充交尾群法。

一分为二分蜂法是将一群蜂按一定比例一分为二。一群为原群，另一群放入成熟王台或 1 只产卵王，成为新蜂群。具体做法是将一空蜂箱置于原群旁边，从原群中抽出一定比例的带蜂子脾、蜜粉脾放入空蜂箱中，将原群向另一侧移动一箱之距，次日给新分群介绍 1 个成熟王台或产卵新蜂王，分群即告完毕。此法适用于前一流蜜期结束后，而下一流蜜期至少还有 45 天才到来的繁蜂阶段。

联合分蜂法是在若干个蜂群中各抽出 1~2 框带蜂的子脾或蜜粉脾，组成新蜂群。1~2 天后再给新分蜂群介绍进新产卵王或成熟王台，此法对原群影响较小。分蜂时要注意给新群多抖些幼蜂，以避免老蜂飞回原巢后，新群蜂数太少。

补充交尾群法，类似于联合分蜂法，可在若干个强群中，抽 1~2 框抖掉老蜂的封盖子脾，连同幼蜂一起加入交尾群，这样交尾群很快就能培育成强壮的生产群。这种方法既不影响原群，又增加了新蜂群，多被养蜂者采用。

30. 什么情况下需要合并蜂群?

合并蜂群，是将若干小群或无王群并入其他蜂群，以充分发挥现有蜜蜂的哺育力、采集力及抗逆力的一种管理措施。越冬后的蜜蜂是很宝贵的，如果越冬后蜂群太弱小，其繁殖力会很弱；如果蜂群失王，蜂群便失去了繁殖力；大流蜜期，弱小蜂群生产力很差；晚秋时期，小群不利于越冬。在这些情况下，都应及时合并蜂群。

31. 怎样合并蜂群?

合并蜂群应遵循以下原则：弱群并入强群，无王群并入有王群，就近合并等。合并方法有直接合并法和间接合并法。直接合并法是将有王群的巢脾和蜜蜂靠往蜂箱的一边，再把无王群的巢脾和蜜蜂放在另一边，两群中间保持1张巢脾的距离或在两群中间放一隔板，两群蜜蜂可相互接触，这样经过1~2天，群味相同后，去掉隔板，把两群靠在一起，即完成合并蜂群。此法适于早春繁殖开始时和大流蜜期蜜蜂对群味不太敏感时。

间接合并法是将有王群放在一巢箱，无王群（或已取走王的弱群）放入继箱，两箱中间放一铁纱或钻有许多小孔的报纸，使两群蜜蜂暂时不能直接接触，经过1~2天，群味相混，蜜蜂已咬破报纸，或撤除铁纱，两群蜜蜂不再互相撕咬，便可把两群蜜蜂合并在一起。此法适于非流蜜期，以及失王已久、老蜂多、子脾少的蜂群。对失王已久的蜂群，在合并前，先补给1~2框幼虫脾，1~2天后再并入其他群。蜂群合并前在箱内滴加一点白酒，有利于混同群味，蜂群合并容易成功。为了保证蜂王的安全，在合并蜂群时，可将蜂王扣在巢脾上，待合并成功后再将其从笼中放出。

32. 蜂场发生盗蜂有何特征?

外界蜜粉源缺乏时，蜂场容易发生盗蜂。蜂场发生盗蜂时，有的蜂群表现兴奋，好像外界在大流蜜，巢门飞进飞出的蜜蜂频繁迅速。出巢蜜蜂腹部小，回巢蜜蜂腹部饱胀，即可断定该蜂群为作盗群；同时有些蜂群门口往往有相互撕咬、斗杀和死亡工蜂，飞进巢门的蜜蜂腹部小，飞出的蜜蜂腹部胀满，举动慌张。蜂巢外有许多油光发黑的老蜂围着蜂箱乱飞，巢内秩序混乱，常有老黑的蜜蜂在巢房吸蜜，说

明该蜂群正在被盗。

33. 怎样防止盗蜂?

在盗蜂多发季节要尽量少开蜂箱，若必须开箱，时间要短，动作要迅速，并注意不要将蜂蜜滴于箱外。蜂群缺蜜时，最好不要用味大易吸引蜜蜂的蜂蜜喂蜂，而要用白糖水。喂蜂要在傍晚进行，注意不要将糖水洒到箱外。一旦发生盗蜂，可将被盗群的巢门缩小，并挡上树枝、青草，或安上防盗巢门。也可在被盗群的巢门上抹些煤油、樟脑油或驱蚊剂之类的驱避剂。如果盗蜂发生严重，而且是一群蜂作盗另一群蜂，可将作盗群和被盗群箱互调位置；如果是多群作盗一群，可将被盗群在夜晚搬走，原地放一个装有空脾的蜂箱，在巢门口插 1 根长一点的小竹筒，使筒口和巢门口平齐，并堵严小竹筒周围的缝隙，让盗蜂能进不能出。等傍晚蜂群停止采集活动后，把这些盗蜂移到 3 千米以外的地方放置几天。等蜂场盗蜂平息后，再将它们迁回并入弱群。如果蜂场多群互盗，最好是将其都搬迁到 3 千米以外的地方暂放几天，盗蜂平息后再搬回原址。

34. 什么情况下易发生围王?

围王是蜂群中工蜂对蜂王的一种排斥行为。围王时常有数十只工蜂将蜂王团团围住，形成围王球，使蜂王无法逃脱。围王球中，有许多工蜂撕咬蜂王，蜂王如不能得到及时解救，往往致残，或被围死。这也是蜂群失王的一个重要原因。缺蜜季节，介绍蜂王或合并蜂群易发生围王；给无王群中介绍处女王或产卵不久的新蜂王，易发生围王；给老蜂多的无王群、工蜂产卵群、有王台的无王群介绍蜂王易发生围王；在发生盗蜂时，新王群、刚介绍进蜂王的蜂群、新分蜂群，易发生围王；一老一新的双王群易发生围王；外界喷洒农药，导致蜂群有轻度农药中毒时也易发生围王。

35. 怎样解救被围的蜂王?

一旦发生围王，形成围王球，应立即将围王球取出，喷以蜜水、清水或烟雾。也可将其投入凉水中，驱散蜜蜂，解救出被围的蜂王，并将它关进蜂王诱入器，扣在有少量储蜜的巢脾上，再将其送回蜂群。数天后，蜂王被接受，再将其放出。其间可每晚对围王群进行奖励饲喂，促使蜂群早日接受蜂王。如被解救的蜂王已伤残，无利用价值，应及时淘汰更换新王。

36. 怎样判断蜂群失王?

正常的蜂群，工蜂安静，工作有秩序，蜂王产卵积极。原因是蜂王自身的某些外分泌腺不断分泌外激素，通过工蜂对蜂王喂食，及蜂王在巢脾上的爬行，使蜂王分泌的外激素充满蜂群，工蜂便感知到蜂王的存在。蜂群一旦失王，蜂王分泌的外激素便很快在该蜂群中消失。几十分钟后，蜂群便会出现不安情绪，工蜂会在巢内和巢门口寻找蜂王，巢内正常工作秩序被打乱。蜂群失王 12 小时左右，巢内就会出现急造王台。蜂群关王数天后，巢内就会断绝卵虫。蜂群失王久了，巢内还会出现工蜂产卵，这些卵被产在巢房壁上，一房数卵，极不整齐。在检查蜂群的过程中，一旦发现其中一种上述现象，就可怀疑蜂群可能失王。

37. 失王蜂群如何处理?

对怀疑失王的蜂群，要做进一步彻底检查。对失王不久的蜂群，可先毁掉群内的急造王台，再根据不同的季节，采用不同的方法，及早给失王蜂群介绍一只正常产卵王。对失王较久，已无卵虫的蜂群，可先调入幼虫脾，再采用适当的方法介绍进产卵王。如蜂场无储备产卵王，应将失王群并入他群。

38. 怎样处理发生工蜂产卵的蜂群?

在蜂群中无卵虫，且长期无王的情况下，会出现工蜂产卵的现象。一般工蜂产卵，其卵较小，一房数卵，很不整齐。一旦发现这种情况，应及时给该蜂群介绍新王。给工蜂产卵群介绍蜂王，最好是介绍老产卵王，老产卵王较稳健，不易被围。介绍时，先提走工蜂所产的卵脾，换入1~2张小幼虫脾，过1~2天，清除所有急造王台，再用间接介绍法把蜂王介绍进蜂群。介绍蜂王的同时，奖励饲喂蜂群。介绍成功后，若巢脾上仍有工蜂所产的卵，可用稀糖水浇灌这些巢房。蜂王大量产卵后，巢内有了幼虫，工蜂产卵就自行停止了。

39. 怎样给无王群介绍产卵蜂王?

可根据不同季节、不同情况采用不同的介绍方法。一般在大流蜜季节，向失王群中介绍自己培育的产卵王可采用直接介绍法。在介绍蜂王前，将失王群中的王台全部毁掉。于傍晚，小心地将蜂王放在无王群的巢门口，让它自己爬入蜂巢；也可从无王群提出1~2框蜂，将其抖落在门口，乘混乱之际，将蜂王放入，蜂王随工蜂一起爬进蜂巢。

40. 怎样给失王已久的蜂群介绍产卵蜂王?

给失王已久、蜂多子脾少的蜂群介绍蜂王，应提前1~2天补给幼虫脾。为强群诱入蜂王，应把蜂箱搬离原位，把部分老蜂分离出后再诱入蜂王。在断蜜期介绍蜂王时，在介绍前应连续两天给无王群喂糖，对该类蜂群，最好采用间接介绍蜂王法。可将蜂王暂时关在诱王笼中，经过数日蜂王被工蜂认可后，再将其放出。对于价格昂贵的种蜂王，一定要采用幼蜂介绍法。将无王群中正在出房的老熟子脾2~3张提到继箱，使继箱内只有幼蜂，继箱和巢箱之间用铁纱隔开，将蜂王和伴随蜂王的工蜂放进继箱。经过2~3天，待出房蜜蜂增多，蜂王产卵，腹部增大后，再全部破坏巢箱内的王台，将铁纱抽掉。蜂群上下贯通后，合并为一群。

41. 如何诱入蜂王？

中蜂的蜂王寿命为2~3年。目前在养蜂生产上，除了优良蜂王外，一般每年要更换1~2次。蜂群失王、分蜂、更换低劣或衰老的蜂王，都需要给蜂群诱入蜂王。

影响诱入蜂王的主要因素有4种。①蜂群里有产卵王、处女王、王台或产卵工蜂，诱入新蜂王就不易接受；②在流蜜期间，工蜂都忙于采集，诱入蜂王容易接受，如果蜜源缺少，或因天气恶劣，蜜源流蜜中断，巢内贮蜜不足，诱入蜂王较困难；③蜂王质量优良，其生理和行为习性与蜂群原来的蜂王相似时，诱王容易成功；④工蜂对蜂王的气味或分泌的信息素有一个适应的过程。

诱入蜂王的方法很多。无论采用什么方法，事先都需要做好准备工作。如给无王蜂群诱入蜂王，先要将巢脾上所有的王台毁除；给蜂群更换蜂王，应提早半天至1天将需要淘汰的蜂王提出；在断蜜期诱入蜂王，应提前2~3天用蜂蜜或糖浆连续对需诱入蜂王的蜂群进行饲喂；给失王较久，老蜂多子脾少的蜂群诱入蜂王，应提前1~2天补给卵虫脾；给强蜂群诱入蜂王，可把蜂箱撤离原位，把部分老蜂分离出去然后再诱入蜂王。间接诱入蜂王的方法是利用王笼，把蜂王困在其中，把王笼放在框梁上或者扣在巢脾的蜜房和空巢房处。经过1~2天，蜂群适应了蜂王的气味后，有的开始饲喂蜂王，说明诱入群的蜜蜂对新蜂王已无敌意，这时可将王笼里的蜂王放出来，蜂王正常产卵、工蜂饲喂，诱入蜂王就算成功了。

42. 什么是交尾群？

交尾群又称核群，通常用1/2标准箱做交尾箱，每个交尾箱用闸板隔成互不相通的、大小相等的两个区，每个小区各开1个巢门，使巢门分别开在方向相反的两头。还有一种1/4标准箱型的交尾箱，大

小只有标准箱的1/4，巢脾为标准巢脾的一半，两张小巢脾可对接成1张标准巢脾。1/4标准箱的交尾箱也可用闸板隔成互不相通、大小相等的两个小区，每个小区各在相反方向开1个巢门。

43. 怎样组织交尾群?

交尾群应于王台成熟前一天组织好，让交尾群有1天左右的无王状态。交尾箱中的每个小区都可用来组织1个交尾群，在每个小区内各放1张蜜粉脾，1~2张带青、幼年工蜂的半封盖子脾，其工蜂应至少有1框足蜂。交尾箱中相邻的两个小区共用1块覆布，用图钉固定于闸板上，使两群间互不相通。在诱入王台前，要对交尾群普遍检查，毁掉所有急造王台。交尾群的群势虽对处女王交尾的成功率没有多大影响，但对交尾后，精子从蜂王侧输卵管向受精囊中转移的速度有很大影响。精子的这一转移过程大约在交尾后24小时内完成。精子转移快，则在24小时内进入受精囊的精子数量多。精子的转移速度与温度密切相关，在20~34℃时精子转移最快。因此，交尾群应有一定的群势，才有利于巢温的调节，群势过小，特别在气温不稳定季节，不利于蜂群保温，故应及时补足。

44. 怎样管理交尾群?

交尾群是供蜂王交尾和交尾产卵后的一段时间内临时栖居的蜂群，它群势小，调节巢内温湿度的能力弱，防盗能力差，因此不能采用一般蜂群的方法来管理。

交尾群应摆放在远离其他蜂群的地方，周围有明显的标志物，相邻交尾群巢门朝向不同，以防蜂王交尾返回时，错投他群。

处女王羽化的前一天，将王台诱入交尾群中，每群1个。诱入时，将王台嵌在巢脾中间偏下部位的两巢脾中间。诱入的王台应是经过挑选的粗壮端正王台。诱入的第2天，检查处女王出台情况，取出未出房或劣质的处女王，并补入备用成熟王台。在处女王交尾期间，最好少开箱检查，如需开箱检查，应在早上或傍晚，避开蜂王出巢的高峰期，以免蜂王交尾飞回时错投他群。

一般蜂王出房 10 天左右即完成交尾并产卵，除非低温、阴雨使蜂王无法交尾，超过半个月仍不交尾产卵的蜂王应被淘汰。交尾群对温度调控能力差，夏季要注意遮荫，低温天气注意保温。交尾群因群势弱，幼蜂多，防卫性能差，蜜源缺乏季节，切勿以缩浆或蜜水饲喂蜜蜂，以防发生盗蜂。

处女王产卵后，待幼虫已达 2~3 日龄时，便可提走。蜂王提走后，还可继续作第 2 批王台的交尾群。如不需要，则可将其并入其他蜂群。

45. 怎样贮备处女王?

为防止被介绍进交尾群的王台不能出房或处女王丢失，育王时常培育较多的蜂王，当王台无交尾群分配时需以王台或处女王形式暂时贮备。贮备的方法是：制作 1 个有十数个彼此独立的方格，一面可打开，另一面罩有铁纱，大小与巢脾相同的框式贮王器，在每一个方格内口朝上粘一装满炼糖的蜡碗或塑料王台碗，然后把成熟的王台或处女王逐个放入笼中，关好后开门。选一有继箱的强群，在继箱上开一后巢门，并在巢继箱之间加隔王板，原群蜂王在巢箱内正常产卵繁殖，然后把装有王台或处女王的贮王框放在继箱上，1 天后，王台内的蜂王会自然出房，需要介绍处女王时，提出贮王器，打开后拉门，取出处女王，介绍给缺失蜂王的交尾群。

46. 怎样介绍处女王?

介绍处女王要比介绍产卵王困难得多，尤其介绍出房较久的处女王更不易成功，介绍时必须非常谨慎。给交尾群介绍处女王，最好采用间接介绍法。方法是：先清除交尾群的急造王台，用扣王笼将处女王连同几只幼蜂一起扣在有贮蜜的巢脾上，放入交层群中。1~2 天后开箱检查，如蜂王已被蜂群接受，可小心地撤除扣王笼，将蜂王放出。此后几天内不要开箱检查，预计处女王交尾成功后再开箱检查。

如无扣王笼，也可用 1 块巢础片卷成小圆筒，将处女王诱入圆筒中，两端用 1 块事先制作好的炼糖封堵，然后把装有处女王的蜡筒挂在交尾群的脾间。工蜂吃掉炼糖后，处女王就自然地被接受了。介绍蜂王 3~4 天后再开箱检查。

47. 怎样更换蜂王？

在生产中，一般 1 年需更换 1 次蜂王，以充分利用蜂王的产卵高峰年龄段。对于不产卵蜂王和劣质蜂王、伤残蜂王，都应及时更换。

更换蜂王，是在小交尾群的蜂王交尾产卵数日，经考察正常后，将需要更换的蜂王提前 1~2 天取出，先给蜂群造成一种无王的环境，再根据不同季节采取适当的蜂王介绍法，将 1 只正常的产卵新王介绍进去。

48. 什么叫双王群？

将一个巢箱隔成两区，或将巢箱、继箱之间用隔王板隔成上下区，每区各为一群蜂，这种一箱两王共同繁衍的形式，称为双王群。双王群可以加快蜂群的繁殖速度，是养强群、夺高产的有效措施之一。

49. 如何组织双王群？

巢箱双王群的组织方法是：将巢箱用隔板严密地隔成相同的两区，各开一巢门，每区各为具有 2~3 框蜂、同龄蜂王的蜂群。待两区的群势均发展到 5 框蜂时，即可加继箱。从每区各提 2~3 张蛹脾和一张蜜粉脾放在继箱中间，巢箱补入空脾。巢、继箱中间加隔王板，限制蜂王在各区内产卵。繁殖期要注意调整巢脾，让蜂王有充分的产卵空间；而在取蜜期，要限制蜂王产卵，以减轻蜂群的哺育负担，使蜂群集中采蜜。

继箱双王群通常是在巢箱双王群的基础上组织起来的。当巢箱双王群繁殖到加继箱时，将其中的一群蜂整个提到继箱中，继箱开后巢门，巢继箱间用铁纱隔开，7~8 天后换成隔王板。生产王浆的蜂场，由于生产不便，一般不采用这种组织法。

50. 什么叫主副群繁殖采蜜法?

将蜂场蜂群有意识地分为两部分，群势较强的专门采蜜和生产王浆；群势较弱的专门繁殖，为生产群不断补充老蛹脾，为生产王浆提供幼虫脾、移虫。这种主副群分工协作的方式称为主副群繁殖采蜜法。

51. 怎样组织主副群繁殖?

从繁殖开始，或转地摆放蜂群开始，就有计划地将强弱不一的两三个蜂群搭配为一组摆放在一起。确定强群为主群，弱群为副群。在主要蜜源开花前两周，将副群中的老蛹脾全部抽掉给主群，同时将主群卵虫脾调换给副群。主群得到老蛹脾，子脾出房，群势很快就壮大起来，为大量采蜜、酿蜜，准备了充足的劳动力。而副群一般保持 6 框左右蜂的群势，使之始终处于最佳繁殖状态。主副群的比例一般为 1∶1 或 2∶1，可根据蜂场蜂群强弱的比例、人力、物力条件具体而定。

52. 什么叫多箱体养蜂?

多箱体养蜂是全年用 2~3 个箱体供蜂王产卵、蜂群育儿和贮存饲料，进入流蜜期再加上贮蜜继箱的饲养方式。它是以生产蜂蜜为主，适合大规模蜂场采用的方法。其优点是：有利于培养和保持强群，产蜜量高，管理简便，便于机械化作业。

53. 怎样组织和管理多箱体蜂群？

饲养多箱体蜂群要从秋季抓起，多繁适龄越冬蜂，使蜂群有 7 足框蜂以上，加继箱越冬。巢箱放脾 5～6 框，以半蜜脾为主，继箱放脾 5~6 张，以大蜜脾为主，使越冬蜂团从继箱逐渐移至巢继箱之间，这样越冬蜜蜂交流方便，越冬安全。

多箱体养蜂是以箱体为单位增减，采用活底 10 框标准箱饲养，早春多以两个箱体繁殖，蜂王先在继箱繁殖，1 个月后，继箱满子，将巢继箱对调，蜂王继续到继箱里产卵。主要流蜜期到来时，在上面加第 3 个箱体，并加上隔王板，待继箱贮蜜八分满时，在隔王板之上再加一继箱，流蜜结束时，一次取蜜。在最后一个主要蜜源中后期，适时撤去贮蜜继箱，使蜂群在育虫箱装足越冬蜜，并从贮蜜继箱选留质量好的封盖蜜贮藏起来，作为越冬饲料。

54. 什么是笼蜂？

笼蜂是不带巢脾和蜂箱，只有蜜蜂和蜂王，装在纱笼中出售或运送的蜂群。用于冬季较长、寒冷、不适宜蜂群越冬地区的春季饲养或补弱群。也可用于辅助强群长途运输、推广良种、为农作物授粉等。欧美养蜂发达国家大多生产和饲养笼蜂。出售的笼蜂常按蜜蜂重量以磅为单位计算，所以过去又称为磅蜂。一般笼蜂由冬季气温较高的地区生产销售，由冬季较长气温较低的地区购买饲养。大多饲养到秋季采完蜜后，将蜂群杀死。

55. 怎样饲养笼蜂？

购买笼蜂一般需提前预订，明确笼蜂规格、数量、运蜂日期等。购买笼蜂的地区事先准备好蜂箱、巢脾等。笼蜂运到以后，于傍晚将其过入蜂箱。过箱的次日进行快速检查，确认蜂王是否健在，蜜蜂是否上脾。正常蜂群尽快饲喂花粉，并奖励饲喂，刺激蜂王产卵。笼蜂过箱 1 个月后，已有新蜂陆续出房，这时可按一般蜂群管理，开始给蜂群加脾，逐步扩大蜂巢。

56. 在什么情况下中蜂容易产生偏集？

早春，同一巢箱饲养的双王群容易发生偏集，逐箱并排的蜂群，在有风天气中蜂排泄飞行，返巢时容易发生偏集。在中蜂采集季节的大风天，转地放蜂车站有众多蜂群临时放蜂；在无显著标记的广漠草原上放蜂等都容易产生飞翔蜂偏集现象。产生偏集后，往往一些蜂群群势十分强壮，而另一些蜂群却剩蜂寥寥无几。

57. 如何预防和纠正蜜蜂偏集？

早春要使双王群不偏集，应尽量保证双王群的两只蜂王为同一批蜂王，王龄较一致。也可在蜂箱的两个巢门之间加挡板或立一砖块，将两巢门分开，使工蜂便于认巢。一旦发生偏集，可抽出蜂多一侧的巢脾将蜂直接抖入蜂少的一侧。早春并排摆放的蜂群，排泄飞行回巢时发生偏集，可将偏集多的蜂提出抖在弱群巢门口，让其直接爬入弱群。在多风的地方放蜂，蜂箱不要整齐地排成一行。如产生偏集，在外界流蜜较好时，可将倔强和偏弱的蜂群对换位置。在广漠的草原上放蜂，可把空蜂箱排放在蜂场中央，使其成为一个明显的标志物，使蜜蜂便于识别。在车站、码头临时放蜂，蜂群较多，容易使蜜蜂迷巢偏集，每个蜂场应单独将自己的蜂群排成圆圈或方形，并且中央最好各有独特的明显标识物。

58. 如何管理过箱后的蜂群？

刚过箱的蜂群缺蜜、伤子、脾破裂，因此要连续每个晚上给新过箱的蜂群饲喂半斤 1∶1 的糖浆（1 份糖，1 份水），促进蜂群加速修复巢脾，刺激蜂王多产卵，度过恢复期，安定下来。

过箱后，如气温较低或天气不稳定，要在覆布上添加草纸、棉絮

等保温物，防止冻伤幼虫，还要注意缩小巢门，大群 3 厘米宽，小群 2 厘米宽，并且糊严箱缝，防止冷风入巢降低巢温和防止盗蜂闯入。

建议每周检查 1 次蜂群或者每 2 周检查 3 次。检查蜂群的最好时间是在晴天的上午 9 点到下午 2 点之间，这段时间里大部分蜜蜂都出外进行采集。最好不要在寒冷的雨天以及有风的天气或者晚上检查蜂群。

检查方法有箱外观察、局部检查和全面检查 3 种。比较多的是用前两种方法来推断全群蜂的情况。检查可以发现是否有病害侵扰蜂群，蜂王是否良好。如果工蜂带着花粉进巢就表明蜂王良好。另外，如果蜂箱内蜂群嘈杂就表明蜂王可能死亡。

检查动作要轻快，穿浅色衣服，全身无臭味。从侧面靠近蜂箱，不要阻碍巢门。从最靠近自己的巢脾开始检查，提脾放回时要平稳轻快。身背阳光，观察虫卵。时刻留意蜂王，一旦检查并确认了蜂王位置，应该立即把蜂王所在巢脾放回箱中，避免碰撞损伤蜂王。

检查应该快速有效。时间长了会刺激蜜蜂，可能导致它们进行蜇刺。万一在检查时被蜇刺，切勿拍打、摔巢脾或奔跑。

59. 中蜂逃群原因是什么？

巢内缺蜜——当外界蜜源枯竭或因盗蜂导致巢内缺蜜时，蜂群的生存受到严重威胁，易发生逃群。

病虫敌害侵袭——中蜂由于幼虫发病严重，或受到巢虫严重侵扰或胡蜂袭击，对蜂群的生存构成威胁时，便会弃巢迁逃。

异味刺激——新饲养的中蜂，若使用有浓重木材或油漆气味的新箱，或蜂箱、巢脾和巢框等被汽油、农药、消毒剂等污染产生异味，均会引起迁逃。

震动惊扰蜂群——在过箱、转地、防治病害、检查时受惊扰，或是蜂箱放在木楼板过道，因行人经常走动而震惊蜂群，也会发生迁逃。

盗蜂严重——中蜂被盗，导致蜂群缺蜜或严重干扰蜂群生活时易逃群。

气候不宜——由于气候异常，如严寒和酷热，威胁蜂群的生存，蜂群为维持蜂群繁殖所需温度和湿度时易引起逃群。

蜂群逃群之后，旧巢脾上几乎没有蜜，也没有幼虫和残留的幼蜂。

60. 怎样防止中蜂逃群?

发现蜂群飞逃，应查明原因对症处理。一旦发现逃群，可向飞逃蜂群撒沙，迫使蜜蜂就近降落结团。经招收的蜜蜂放回到消除了飞逃原因的蜂箱。

待第 2 天用左手捉住蜂王胸部，右手持剪刀剪去蜂王翅膀的 1/3（不要捉蜂王腹部）放回蜂巢。

自然分蜂是蜜蜂延续种族的本能。发生分蜂的外因是蜂王衰老、蜂群增大、蜂多箱内闷热、蜜粉压子等。为防止自然分蜂的发生，可以在自然分蜂发生前夕搬开原箱，原位另外放有 5~6 张巢础，1 张虫卵脾的新箱。然后将蜂王剪翅后放在新箱子脾上，盖好箱盖，所有飞翔蜂汇集新箱，原箱只剩幼蜂，就会帮助制止自然分蜂。

针对中蜂逃群的可能原因进行以下预防措施。

① 平常要保持蜂群内有充足的饲料，缺蜜缺粉时应及时抽调蜜脾补充或饲喂花粉补充。

② 当蜂群内出现异常断子时，应及时增调幼虫脾补充。

③ 平常保持群内蜂脾比例为 1∶1，使蜜蜂密集；杜绝脾多于蜂的情况，做到蜂多于脾。

④ 注意防治蜜蜂病虫害。

⑤ 采用无异味的木材制作蜂箱，新蜂箱用淘米水洗刷后使用。

⑥ 蜂群排放的场所应僻静，向阳遮阳，确保蟾蜍、蚂蚁无法侵扰。

⑦ 尽量减少人为惊扰蜂群。

⑧ 蜂王剪翅或巢门加装隔王栅片。

61. 早春蜂群管理有哪些主要工作?

蜂群越冬结束进入春繁期后，有许多工作要做，是蜂群管理中最主要、最复杂的一个阶段，特别是早春气温不稳定，如果管理不当，容易使蜜蜂患病。蜂群进入春繁后，要特别注意做好促进蜜蜂排泄，全面快速检查蜂群，调整密集群势，防治蜂螨，蜂群保温，蜂群饲喂，加脾扩巢，疾病预防等工作。

62. 蜂群早春管理措施有哪些?

春季管理的主要目的，是使蜂群快速繁殖，让蜂强壮，准备进入高产，其措施有以下几点。

（1）紧脾　每只王（每群）只留 1 张脾，使蜂群进入高度密集。

（2）保温　重点要做好底温的保护，蜂弱的（2 框蜂以下），要做好内温保护。

（3）喂糖水　蜜是蜂群的主要饲料，蜂群缺蜜就不能正常甚至难以生存。春季进行的是奖励饲喂，目的是激励蜂群繁殖或生产积极性。用白糖 10 斤加水 10 斤，加热让白糖溶化，然后再加入蜂糖 3 斤，就可喂蜂。每群蜂在天黑之前半小时饲喂，才能防止盗蜂（蜂打架），1 天喂 1 次，每次喂糖水 0.5 市斤。饲喂的持续时间可延长。

对蜂群进行饲喂，应注意以下几点。

① 不用来路不明的蜂蜜喂蜂，以防止蜂病的传染。

② 缺蜜群和强群要多喂，反之可少喂。

③ 无粉期不奖励饲喂，以防蜜蜂空飞。

④ 傍晚喂，白天不喂，饲喂期间要缩小巢门，以防盗蜂。

⑤ 饲喂量以当晚食完为度。

⑥ 在蜜源中断期喂蜂，应该防盗蜂，以免造成管理上的麻烦。

（4）喂花粉　花粉是蜜蜂食物中蛋白质的主要来源。蜂群采集花粉，主要是用来调制蜂粮、养育幼虫。因此，当蜂群在繁殖期内，如果外界缺乏粉源时，必须及时补喂花粉。

中蜂饲喂花粉，通常是将花粉拌糖浆制成花粉团的方式饲喂。方法是：将花粉用适量的50%浓度的糖浆拌匀后，放置12~24小时，让糖浆渗入花粉团后，再酌情加入适量糖浆把花粉揉成团。然后，将花粉搓成长圆形小团，放在群内巢框上梁供蜜蜂自行取食，以蜜蜂能在3天内取食完为度。

每群蜂一般春季要喂1市斤花粉。将1市斤干花粉加糖水2市斤，放置12~24小时，用手做成像大汤圆那么大的花粉团。在喂糖后的第4天，将花粉团直接放在蜂群的框上，让工蜂直接从蜂路上爬上来吃。

（5）加巢础　喂糖后10天左右，蜂王产卵，蜂群要及时增添巢础。因蜂王喜欢新脾，每加1张巢础就产1张新巢脾。新脾子封盖后，如蜂群密集，可再加第2张巢础，不密集时就不加，只加脾。

中蜂喜爱新脾，厌恶旧脾，饲养中蜂要注意不失时机修造新脾，做到常年使用新脾。中蜂造脾，应注意以下几个环节。

① 造脾最适时期。

一是当蜜蜂携带着大量粉蜜涌进蜂巢，巢脾上出现粉圈；

二是巢框上梁表面发白，即出现白色蜡点；

三是蜜蜂开始在巢脾下添造新巢房。

② 造脾前的准备。

一是在造脾前2~3天要做好造脾的准备工作；

二是把蜂群内无子或少子的旧脾抽出，使群内蜜蜂密集；

三是对造脾蜂群实施奖励饲喂，促使蜜蜂泌蜡造脾。

③ 造脾的方式方法。

为了发挥蜜蜂的造脾积极性，诱导蜜蜂适时造脾，应根据蜂群的具体条件，分别采取以下方式方法。

加础造脾——在蜂群大量进粉、进蜜，巢内子脾正常、蜂脾相称，且巢脾基本满框时，可插入巢础框造脾。

未满框脾续造——当巢内有不满框的巢脾时，应使蜜蜂更加密集，必要时可把群内的满框巢脾暂时抽调到其他群，以促成造脾优势，并提供充足的饲料，使群内未造满的巢脾筑造至满框。

如场内各群巢脾大小不一，可逐渐将未满框巢脾与其他群满框的

巢脾对调，促进蜜蜂将全场未满框巢脾全都修造成满框脾。

将群内未造满框的巢脾续造至满框，其一可以充分利用蜂箱空间，增加工蜂巢房面积；其二可防止以后蜂群出现分蜂热时，工蜂在原有巢脾的空处补造大量的雄蜂房；其三可避免因原有巢脾短小，加础后产生分隔蜂团的不良现象。

接力造脾蜂场中，通常有一部分蜂群特别善于造脾，而另一部分却始终不积极造脾。宜让善于造脾的蜂群连续不断地造脾，待巢脾修造至3~4成时，即调给造脾不积极的蜂群续造完成。

割旧脾造脾——在中蜂的巢脾上，育虫区通常在巢脾的中下方，巢脾的上方往往是贮蜜区，所以即使巢脾育虫区的巢房变黑，上部巢房仍未变黑。因此，中蜂咬脾总是从中下方开始。由于中蜂在非分蜂期一般不造雄蜂房，因此可以利用原来的巢脾，把巢脾中下方黑旧部分切掉，让它们重新修造。这在早春或秋冬繁殖期的小群饲养上，有一定的价值。

巢础始工条造脾——当巢础短缺时，可以采用宽度为30~50毫米的巢础条嵌装在巢框的上梁覆面让中蜂造脾，同样可以造出工整的满框巢脾。

④ 插入巢础框的位置。

2框群：插在2脾之间；

3框群：插在隔板内第2、3框之间；

4框群：插在隔板内第3、4框之间；

5框群：插在隔板内第2、3框，或第3、4框之间。

⑤ 注意事项。

一是一般情况下，每群蜂每次加1个巢础框；

二是加入巢础时，巢础框两侧蜂路要缩小（5毫米），巢脾基本造好后恢复原蜂路；

三是加入的巢础未造好时，不要着急加第2个巢础；

四是要对造脾偏向的巢脾或巢础框适当调转方向。

（6）*剪蜂王翅膀* 把蜂王的翅膀只剪一边，就可防止蜂群飞逃。

春季养蜂还需注意选择气温在14℃以上的时刻对蜂群全面、快速检查。并根据蜂群的情况，分别采取强蜂单箱繁殖，3框以下的蜂群如果蜂王情况一致或一老一新两蜂王，则可用隔王板组成双王群同箱繁殖。提高巢温到34~35℃，以满足蜂群繁殖对温度的需要。

群势组织好后，首先要加强箱内外保温，糊严箱缝以防贼风侵入。饲料不足的蜂群要一次补足，每晚还要用巢门饲喂器对所有的蜂群进行奖励饲养，促使蜂王产卵培养强群。双王同箱，蜜蜂容易偏巢，可采用调节巢门位置和巢门大小以及采用主副群方法解决。

双王群采用以弱补强的繁殖方法，把弱群的子脾带着蜂一起补给强群1~2次，弱群则添加有2~3两糖水的空脾。待到强群发展到6~7个子脾时，再提出带蜂的老子脾补助弱群，这样既可以一强补一弱，也可以两强补一弱。在弱群或备用王的子脾得到补充后就能很快成为繁殖群。

当双王群繁殖到满箱时，蜂的密集度大，则可在巢箱上加隔王板后再加浅继箱储蜜，积累后备蜂。当蜂数繁殖到12~13框时移动巢箱隔板，把1只蜂王控制在2个脾的小区内饲养11~22天，再用前法将另一蜂王轮休。这样可控制分蜂，维持强群，做到强群采蜜。

63. 早春为什么要全面快速检查蜂群？

蜂群越冬会出现失王、饲料不足、蜂群死亡等现象。开春后，选择晴暖无风的天气，于午后，对蜂群进行一次快速的全面检查，以了解蜂群越冬饲料消耗情况、失王情况、蜂群死亡情况等。对缺乏贮蜜的蜂群，要及时以蜜脾加到蜂团旁。对无王群及时介绍储备蜂王或并入他群。对越冬死亡较严重、群势较弱的蜂群及时调整补充或并入他群。个别越冬中患下痢病的蜂群，抽出被污染的巢脾，换入洁净卫生的蜜粉脾和蜂箱，要对撤出的污染巢脾和蜂箱进行彻底清理和消毒。

64. 怎样检查蜂群？

检查的方法同开箱检查，只是开箱后，要特别注意蜂群保温，可用覆布或棉垫、草帘盖住蜂团，逐脾检查。借全面检查之机，把箱底死蜂、碎蜡渣、霉变物等清除干净，这样既保持了群内卫生，又可减

少蜜蜂清理死蜂等的工作负担。扣王越冬的蜂场，可同时将蜂王放出王笼。这次全面检查也是促进蜜蜂排泄的一次良好机会。

65. 早春为什么要促蜂排泄？

蜜蜂在越冬期间一般不飞出排泄，粪便积聚在大肠中，使大肠膨大几倍。特别当气温达到一定温度，蜂王便开始产卵，蜜蜂为育虫和调节巢温，饲料消耗增加，使蜜蜂大肠中的粪便积累加快。因此，为保证蜜蜂的健康，越冬结束春繁开始前，必须创造条件，促进蜜蜂飞翔排泄。

66. 怎样促蜂排泄？

在北方，一般选择晴暖无风、气温在8℃以上的天气，取下蜂箱上部的外保温物，打开箱盖，让阳光晒暖蜂巢。促使蜜蜂出巢飞翔排泄。如果蜂群系室内越冬，应选择晴暖天气，把越冬蜂搬出室外，两两排开，或成排摆放，让蜜蜂爽身飞翔后进行外包装保温。排泄后的蜂群可在巢门挡一块木板或纸板，给蜂巢遮光，保持蜂群的黑暗和安静。在天气良好的条件下，可让蜜蜂继续排泄1~2次。

根据蜜蜂飞翔情况和排泄的粪便，可以判断蜂群越冬情况。越冬顺利的蜂群，蜜蜂体色鲜艳，飞翔敏捷，排泄的粪便少，像高粱米粒大小的一个点，或是线头一样的细条。越冬不良的蜂群，蜜蜂体色暗淡，行动迟缓，排泄的粪便多，排泄在蜂场附近，有的甚至就在巢门附近排泄。如果越冬后的蜜蜂腹部膨胀，就爬在巢门板上排泄，表明该蜂群在越冬期间已受到饲料不良或潮湿的影响；如果蜜蜂出巢迟缓，飞翔蜂少，飞得无力，表明群势衰弱。对于不正常的蜂群，应尽早开箱检查处理，对过弱蜂群应进行合并。

67. 早春为何给蜂群保温？

早春夜间气温常降到0℃以下，与育虫区温度相差悬殊。虽通过密集群势，蜂群自身保温能力有所加强，但寒潮来时，也会冻坏子脾。即使有些受冻子脾勉强出房，健康状况也不好。因此，早春蜂群的保温工作甚为重要。蜂群的保温方法是进行箱内和箱外保温及巢门调节。

68. 早春如何给蜂群保温?

（1）箱内保温的方法　把巢脾集中于蜂箱中央，双王群则集中于隔板两侧，两侧各加隔板，隔板用钉子暂时固定，防止塞草时隔板内倾，两侧空间用草把塞实，框梁上先覆盖一层时，盖上副盖，副盖上再盖上棉垫或草帘。箱内保温物可随气温升高，蜂巢的扩大，逐步撤除。

（2）箱外保温的方法　用纸糊严箱缝，封闭纱窗，箱底垫草，蜂箱左右和后壁用稻草帘包住，再用农用塑料薄膜把整排的蜂箱盖住，箱后的塑料薄膜用箱角压住，箱前可以翻动。晴暖的白天翻开，让工蜂进出，低温阴雨和夜里盖上，防寒祛湿。注意留出巢门，不要堵塞。箱外保温在蜂群发展到一定群势，外界气温转高、稳定时，全部撤除。

（3）巢门调节　巢门是蜂群调节巢温的主要机关，气温较低时，冷空气容易从巢门进入。寒潮期间和夜晚应缩小巢门，弱群的巢门夜晚可全部关闭，到第 2 天再打开。

69. 早春为什么要给蜂群治螨?

上年秋繁结束断子后，虽对蜂群已进行了治螨，但防治很难彻底，仍会有一部分大蜂螨在越冬蜂身上过冬，蜂群中出现幼虫后，大蜂螨也开始繁殖，雌螨的整个发育期仅为 6~9 天，雄螨整个发育期为 6~7 天。1 个产卵周期，能够培育出成熟的后代雌螨 2~3 只，在一生中有 3~7 个产卵周期。1 只越冬的雌螨，1 年中可繁育出许多后代。因此，早春给蜂群治螨非常重要，它可有效减少蜂螨对蜂群的危害。

70. 怎样治螨？

蜂王产卵后，9天内就会出现封盖子脾，治螨工作必须在子脾封盖前结束，否则蜂螨潜入封盖子脾内，就不容易防治彻底。防治方法是：选晴暖的午后，用杀螨剂一号1 500倍液或速杀螨1 000倍液喷雾蜂体，每脾用药液约50毫升，隔周再用药1次。为防止蜂螨出现耐药性，提高药效，以上两种杀螨药物可隔年轮换使用，药液当天配制，当天用完。也可选用其他高效杀螨药物。

71. 早春如何扩大子圈？

蜂王产卵，从巢脾中间开始，螺旋形扩大，呈圆形，常称子圈。有效扩大子圈，增加子脾数量，是春繁阶段的重要任务，但本阶段外界气温不稳定，变化较大，蜜粉源状况亦变化较大，如果盲目扩大子圈，加脾扩巢，气温降低时，蜜蜂护不住脾，会使子脾受冻，繁育出的蜂健康状况不佳。此阶段必须因群因时制宜，灵活运用扩大子圈，增大蜂巢的技术。

子圈面积大，表明培育蜂子多，因此在管理中要设法扩大子圈。在气温较低的早春繁蜂，为保证子脾内蜂子的健康，只能适当扩大子圈。

在刚开始繁殖时，只有少数几个巢脾上有子圈，可采取割开子脾周围蜜盖，让蜜蜂采食后产子来扩大子圈，不要急于加脾扩巢。繁殖初春一段时间，子圈位于巢脾向阳面一端，在蜂脾相称的条件下，可把中间的巢脾调头，使整个子球拉长，不久蜂群就会扩大子圈，几张脾的子球就会变圆变大。

72. 早春如何加脾扩巢？

繁殖初期蜂多于脾的蜂群，一般在子脾上有1/3巢房封盖，或有少数新蜂出房时加第1张脾。新加的第1张脾，应是育过虫的半蜜粉脾，加到蜂巢外侧，这样既为蜂群补充了饲料，遇到寒潮袭击，蜜蜂又可退到原来的子脾上保温，确保安全。当新蜂大量出房，气温较高较稳定后，便可加第 2 张脾。第 2 张脾可加到边脾和边 2 脾之间，此后每隔 3~4 天加 1 张脾，直到加至 8~9 张，可基本满足蜂王产卵。蜜蜂满箱后，可及时加继箱。初加继箱，巢箱放 6~7 张脾，继箱放 3~5 张脾，单脾向箱内一侧靠拢。双王群加继箱，巢脾向中间集中，中间为蛹脾，两侧为蜜脾。巢箱和继箱间加隔王板，再加脾时，加在巢箱内子脾外侧。初春加脾时常有倒春寒，要尽可能避开。

在子脾增长过程前期，有适当蜜源，蜂群出现蜜压脾时，可以加巢础造新脾，这时是筑造优良新脾的好时机。蜂群不仅造脾快，而且造出的新脾雄蜂房少，子脾面积也容易扩大。造脾加础位置，一般在边 3、边 2 脾之间。

73. 怎样防止和减轻花粉压缩子圈？

粉源丰富时，工蜂会大量采集花粉，蜂巢内许多巢脾上都贮满花粉，造成蜂王产卵空间缩小，子脾面积减少，影响蜂群的正常繁殖。

防止和减轻花粉压缩子圈的方法是，在粉源丰富的季节，可每天在巢门口安置一定时间的脱粉器，减少蜂群的进粉量。如蜂群已出现粉压子，可将整花粉脾提出，原位置加入空脾让蜜蜂继续存粉，以减少蜜蜂因存粉对其他巢脾的占用。提出的花粉脾集中妥善保存，留待缺粉季节使用。根据蜂王喜欢新脾产卵而蜂群不喜欢新脾贮粉的特性，可有计划地给蜂群加础造脾，使繁殖区多用新巢脾。也可将隔板的前面和底部用纸板或三合板临时加长，堵死两面的蜂路，使工蜂只能通过隔板的后部互通，在巢门口一侧用这种隔板隔出 1~2 张脾，限制花粉采集蜂在这两张脾上集中存粉，贮满后，提出集中保存，原位再加空脾。进粉期过后，取下临时钉的纸板或三合板，恢复正常繁殖。

74. 什么情况下需要给蜂群加继箱?

外界蜜粉源丰富，气候温暖稳定，蜂群群势较强，在 7~8 框蜂，6~7 张子脾时就应加继箱。如气温尚不稳定，要等蜂群强壮一点再加继箱。通过加继箱可以扩大蜂巢，增大蜂王产卵面积，加快蜂群的繁殖。但同时也要注意保温，以免子脾受凉。

75. 怎样给蜂群加继箱?

抽取巢箱内 2 张老蛹脾，1~2 张卵虫脾放入继箱，同时加入 2 张蜜粉脾作边脾，巢箱保留 3~4 张卵虫脾或新蛹脾，加入 1 张空产卵脾，1 张蜜粉脾。随着气温的升高，蜂群不断壮大，逐渐增加巢脾的数量。

76. 主要蜜源花期前怎样有目的地繁好适龄采集蜂?

工蜂羽化出房约 18 天后才开始采集，采蜜季节，其寿命为 1 个多月。也就是从卵算起，离大流蜜期 50 天左右，到流蜜结束前 39 天左右为理论上的最佳采集蜂。实际上，流蜜期工蜂的平均寿命要超过 1 个月。开始繁殖采集蜂要比 50 天提前一些，应在离开花流蜜 60 天左右开始，繁殖结束也应比离流蜜结束 39 天再错后十数日。因为蜜蜂的采集酿蜜是有分工的，采集蜂和内勤酿蜜蜂有一定比例才会获得高产，不能只顾采集蜂的繁殖而忽视了酿蜜蜂的繁殖。因此在大流蜜期到来前 60 天和结束前 30 天，应千方百计地繁好蜂，为蜂蜜高产打下基础。

主要措施如下。

① 在此繁蜂期，选择粉源充分的场地，并加强奖励饲喂，如为定地蜂场，花粉不足时，还应补饲花粉。

② 进入繁蜂期前 10 天左右，可限制蜂王产卵，使蜂王生理上得到调整，待放开限制后，蜂王产卵速度加快，所产的卵也会得到充分

的营养，卵的重量增加，可育出健壮的工蜂。

③ 在开始进入繁殖期前，换掉老王，用新王繁殖。总之，凡是有利于蜂群繁殖的各项技术措施，在此繁殖期，都可充分利用。

77. 如何组织采蜜蜂群？

在大流蜜到来之际，如果蜂群本身很强壮，已加继箱，花期不超过 1 个月，只需调整蜂巢，把子脾调入巢箱，限制繁殖，继箱为空脾，储蜜即可。如花期超过 1 个月以上，采蜜的同时，还要定期给巢箱调入空脾，兼顾繁殖后期采集蜂。

如果在大流蜜到来之际，蜂群大部分尚很弱，不能加继箱，花期且不长，应将相邻的 2~3 群搭配成组，非采蜜群搬走，采蜜群留在这几群蜂的中间，加上继箱，继箱中加入空脾，这几群蜂的采集蜂都会集中到这一群，成为一个理想的采蜜群。

还有一种流蜜期前抽掉老蛹脾，组织采蜜蜂群的方法，也就是主副群的组织方法。可在大流蜜期前 20 天左右，抽掉副群的老子脾给主群，使主群在流蜜期强群取蜜。同时，抽主群的卵虫脾给副群，减轻主群的哺育工作，充分利用副群的哺育力，实现取蜜繁殖双丰收。

78. 采收蜂蜜的操作步骤有哪些？

采收蜂蜜前要准备好摇蜜机、蜂扫、割蜜刀、喷烟器、滤蜜器、蜜桶、空继箱、脸盆等。工作人员要戴好面网，扎紧袖口、裤脚，以防止蜂螫。

摇蜜开始前，先从巢箱开始，抽出贮满蜜的蜜脾，抖落脾上的蜜蜂，个别未抖落的蜜蜂用蜂扫扫净，放于周转继箱套中，然后再抽取继箱的蜜脾脱蜂。脱蜂后将蜜脾送到取蜜工作室，封盖的蜜脾，要用割蜜刀割去蜜盖，割蜜盖时，要放于事先准备好的脸盆上，以盛接外流的蜂蜜，割去的蜜盖不要太深，以免伤脾。割去蜜盖的蜜脾便可放入摇蜜机内，匀速转动摇蜜机，将蜜从脾中分离出来。摇完一面后，翻转巢脾，摇另一面。同一群蜂的蜜脾摇完后，用割蜜刀将巢脾上加

高的巢房、赘脾、赘蜡及雄蜂蛹割掉，然后将这些巢脾返还原群。巢脾摆放，要根据本花期及下个花期的时间，决定蜂群的管理，如蜂群需要大量繁蜂，则继箱中要多放置新旧适宜的空脾，供蜂王产卵；若本花期仍需集中力量取蜜，则巢箱中尽量放置花粉脾和子脾，继箱中则尽量放置空脾。

摇蜜机的机底贮满蜜后，可将其倒入放有过滤器的蜜桶中，若摇蜜机有出蜜口自动流出，待承接的小蜜桶满后，过滤掉蜡渣和死蜂，倒入大的贮蜜桶。采收蜂蜜最好在洁净的室内进行，这样比较卫生，花粉还可有效防止盗蜂。

79. 取蜜期蜂群怎样管理？

取蜜期要根据花期长短，及下个花期到来的时间处理好采蜜与繁殖的矛盾。开花盛期要促进工蜂积极采集。

在本花期流蜜结束，到下个花期流蜜结束仅 1 个多月，且以后一段时间暂没有主要蜜源流蜜，可对采蜜群限制蜂王繁殖，压缩子脾，以减少蜂群的哺育工作量，使蜂群多采蜜。如果在本花期结束 1 个月内又有大流蜜，就应在本花期结束前至少 10 天开始，边繁殖边采蜜，为下个花期培养适龄采集蜂。如果下个花期所采的蜜商品价值低，流蜜量小，也可以本花期取蜜为主，适当繁殖。

开花流蜜期，在掌握好繁殖与采蜜关系的同时，还要调动工蜂采集的积极性。可用蜂箱坐北朝南，稍偏东的方法，使蜜蜂提早出巢采集，用充足的阳光刺激工蜂，提高出勤率。在拂晓工蜂出巢采集前，用稀蜜水饲喂蜂群，刺激采集积极性。

80. 流蜜期蜂群应如何管理？

蜂蜜的有收无收取决于蜜源和气候，收多收少取决于蜂群的强弱。所以，气候、蜜源、蜂群是蜂蜜生产的三要素。如果蜜源期开始的时候天气适宜，蜂群正好发展到高峰期，那么就会获得蜂蜜的大丰收。蜂群是养蜂者唯一能够把握的因素。为此，在采蜜期到来之前应做好充分的准备工作。

根据本地的条件，主要蜜源开始流蜜的时间和各个蜜源花期衔接的情况，有计划地饲养强群，培育适龄采集蜂，修造足够的新脾，调整好蜂巢，做好采蜜期前的准备工作。

（1）培育适龄采集蜂　在正常情况下，工蜂从卵到成虫需要3个星期，羽化出房后2~3个星期，才从事外勤工作。根据工蜂的发育日期和开始出勤采集的日龄来计算，从主要蜜源开始流蜜之前40~45天，直到流蜜结束之前35天羽化出房的工蜂，都是适龄采集蜂。不适龄的新蜂不但不能外出参加采蜜，相反还要消耗许多饲料，这就是有的蜂群虽然蜂多群强，而在短暂流蜜期采不到蜜的原因。所以在上述时期内要为发挥蜂王的产卵力和工蜂的哺育积极性创造最好的条件，以便培育出更多的采集蜂。

（2）适时取蜜进入流蜜期　视进蜜情况确定取蜜的时间。到了流蜜盛期，待蜂蜜酿制成熟，即蜜房封盖或呈鱼眼状才能取蜜，不要见蜜就取。取蜜时，最好把时间安排在每天蜂群大量进蜜之前。

在流蜜期，中蜂群势较弱，一般都在10框以下，较难使用继箱取蜜；中蜂容易在流蜜期前和流蜜期中产生分蜂热，特别是春季流蜜期，分蜂热更为严重。中蜂育虫区与贮蜜区不易分开；在蜜源后期，又容易发生盗蜂和逃群。由于上述原因，中蜂在流蜜期的管理上，应着重抓好维持强群，控制分蜂热，以及解决育虫与贮蜜的矛盾等问题，且在蜜源后期，还应防范盗蜂及迁飞。

81. 中蜂采蜜群组织的方法有哪些？

（1）双王同箱饲养的蜂群采蜜群组织法

① 用12框以上的横卧箱饲养的双王群在初花期应改组成单王采蜜强群。把1个子脾、1个空脾、1个巢础框、1只蜂王，连同1~2个足框工蜂隔在蜂箱一侧，作为繁殖群，而将其余的蜜蜂和巢脾合成9框以上的采蜜群。

② 用朗氏10框箱饲养的双王群在初花期应改组成单王采蜜强群。将1个蜂王连脾带蜂提出，外加1个空脾或巢础框，另置1个蜂

箱中作为繁殖群，原群作为采蜜群。

③ 用中蜂 10 框箱饲养的双王群在初花期，将闸板移到箱内一侧，隔出 1 个 2 框区，把 1 个蜂王连脾带蜂提出，外加 1 个空脾或巢础框放入该区作为繁殖群。另一群群势得到加强作为采蜜群。

④ 用中蜂箱饲养的双王群流蜜期，用继箱取蜜，或同时也可采用 2 块框式隔王板将 2 群的蜂王分别限制在底箱侧向 1~2 框范围内产卵，底箱内中央也供贮蜜，或用囚王笼将 1 只王扣起来，用 1 块框式隔王板将另 1 只蜂王限制在底箱一侧 1~2 框范围内产卵繁殖，底箱内其他部分供贮蜜。

（2）单群饲养的蜂群采蜜群组织法

① 采取补充老熟蛹脾或幼蜂的办法增大群势，形成较强的采蜜群。方法是：在流蜜期前 20 天左右，从其他蜂群抽调老熟蛹脾补充；或在流蜜期前 15 天，从其他蜂群抽调幼蜂补充。

② 采取合并飞翔蜂的办法组成强大的采蜜群。方法是：在大流蜜开始后，将相邻 2 箱蜜蜂中的 1 箱搬离数米外另外放置，让该群的飞翔蜂投入原先相邻的另 1 群蜂中，使该群蜂的采集蜂大量增加，形成强大的采蜜群。采取这种方法组成采蜜群，必须在大流蜜开始后进行，否则容易引起围王。

82. 中蜂怎样控制和消除分蜂热？

控制和消除分蜂热，这是流蜜期管理上的重要技术环节。为此，可根据具体情况灵活采取以下措施。

（1）提早取蜜　在流蜜初期，提早采收封盖蜜，能够促进工蜂采蜜的积极性，使蜂群维持正常的工作状态。

（2）适当增加工蜂的工作量　当遇到连续的阴雨天，采集活动受到影响时，大量的工蜂怠工在群内，极易产生分蜂热。在这种情况下，可采取奖饲，加础造脾，或把繁殖群中的卵虫脾和采蜜群中的封盖子脾对调等，人为增加工蜂的工作量，也能控制分蜂热的产生。

（3）用处女王替换老蜂王　用处女王替换采蜜群中的老蜂王，或者用新产卵王替换老蜂王，都能控制或消除采蜜群的分蜂热。

（4）*互换飞翔蜂*　在流蜜期，当采蜜群产生分蜂热时，可与群势弱的繁殖群互换蜂箱位置，使两群的飞翔蜂互相交换。这样采蜜群的群势被削弱，分蜂热便消除了。双王同箱饲养的蜂群，可把采蜜群的蜂王，连同少数带蜂卵虫脾，隔置到箱的另一侧作为繁殖群；而将原来的繁殖群，变作采蜜群，也可控制分蜂。

（5）*模拟分蜂法*　对具有异常顽固分蜂热的蜂群，用一般的方法无法控制时，可用模拟自然分蜂的办法，消除分蜂热。具体做法如下：把群内的王台全部破坏，巢门前放1块平板，板的四周铺几张报纸，然后把蜜蜂逐脾抽出，抖落在平板上，让工蜂自由飞翔。蜂群由于未进行分蜂的准备，因此抖蜂时不会飞逃。这种做法相当于1次自然分蜂的刺激。经几次抖落，再结合调整群内的巢脾，就能消除分蜂热，恢复正常的采蜜活动。

83. 如何适时造脾？

蜂群有扩大蜂巢的愿望，达到一定群势，内勤蜂较多且有充足的蜜粉饲料，是蜂群造脾的最佳时机。大流蜜期开始，蜂群内拥挤，出现赘脾，及自然分蜂群，都是修造优质新脾的理想蜂群。

84. 怎样造脾？

修造巢脾前应准备巢框、巢础、25～26号铅丝、蜂蜡等。还要用到巢础埋线板、熔蜡壶、埋线器等工具。修造巢脾要经过巢框钻孔、穿线、装巢础、埋线、灌蜡加固巢础等工序。巢础安装固定完成后，在巢础两面喷一些新鲜蜜水，就可以加入蜂群，让蜂群筑造了。

在流蜜期前后造脾，巢础框应加在蜜粉脾和封盖子脾之间；在流蜜期造脾，应加在蜜粉脾和幼虫脾之间。继箱群造脾应加在继箱上边脾内侧。每次加础1张即可。造脾期间如果外界蜜粉源不足，应于傍晚对蜂群饲喂糖浆。大量造脾时，对有些蜂群不够强，不能将巢础造到边角的，可换到造得好、造得快的蜂群中；一面造得快的，可将巢框换面。巢础脱离铅丝的要立即压回，脾歪斜的要及时推正。巢础被

咬破的要及时补全。雄蜂房过多的，可把有雄蜂房的部分换掉，补 1 块新巢础，加到新产卵的交足群中，工蜂会把它修造成工蜂房。

新造好的巢脾，应及时让蜂群培育几代蜂子，以增强巢脾的牢固程度。

85. 怎样保存巢脾?

从蜂群中抽出的巢脾，如果保存不好，常常会发霉，受巢虫咬蛀。保管不当还会引起盗蜂和鼠害等。巢脾从蜂群中撤出后，应及时对染病巢脾予以消毒或淘汰化蜡，其余巢脾按蜜脾、粉脾、空脾分类装箱，保存于清洁、干燥、密闭性较好的仓库中。特别在存放前，要对巢虫进行严格防治，防治方法有：二氧化硫熏杀和二硫化碳熏蒸，以及冰醋酸熏蒸法。

二氧化硫熏杀法是用带窗口的空巢箱作底，上面放 5~6 层继箱，巢箱中放上 1 块瓦片。第 1 层继箱只放 6 张巢脾，中间留空，为硫黄安全燃烧空间。上面继箱各放 8~9 张巢脾，箱体间用纸糊严。按每个继箱 3~5 克硫黄粉量放入瓦片，并加入数块燃烧的木炭，会立即产生二氧化硫气体，并充满箱体，用此二氧化硫气体杀死蜡螟的幼虫和成虫。由于杀不死卵和蛹，过两个星期需再熏 1~2 次。熏杀过程中，要通过继箱窗口观察木炭燃烧情况，直至熄灭为止，以防火灾。

二硫化碳熏蒸法：二硫化碳常温下可气化，能杀死巢虫的卵、幼虫和成虫。防治 1 次即可，方便易行。方法是：在蜂箱上叠放 5~6 层继箱，每层放 8~9 张巢脾，最上层放 6 张巢脾，中间空出部分放一容器或吸水性强的厚纸盛放液体二硫化碳，用量为每个箱体 3 毫升。利用二硫化碳自然挥发，密度比空气大而自然下沉的特点，从上往下熏杀。注意箱体间缝隙要用纸糊严。二硫化碳对人体有毒、易燃，放药时，人要站在上风口并戴口罩，不要靠近火源。

冰醋酸熏蒸法：用 80%~98%的冰醋酸，每箱 10~20 毫升洒在布条上，密闭熏蒸 3~5 天，可有效杀死蜡螟的幼虫和卵，但不能杀死蛹和成蛾，熏蒸前应清除蜂箱内蜡螟的蛹和成蛾。

86. 蜜源流蜜后期蜂群管理应注意哪些问题?

蜜源流蜜后期，蜂群的管理措施要根据下一阶段的生产任务而确定。如果下一阶段要转地放蜂，继续追花夺蜜，那么，蜂群在管理上就要注意繁殖后继采集蜂，并且最后一次取蜜可适当取净，少留饲料。如果下一阶段无蜜可采，蜂群转入繁殖为主，那么本花期最后一次取蜜时就要注意多留饲料，有意识地保留子脾上的边角蜜。同时蜂群中巢脾的布置也必须注意，取完最后一次蜜后，将摇完蜜的优质空脾加在巢房中央，使巢箱脾数增加，继箱脾数减少，个别因采蜜群势下降的蜂群，还可撤出多余巢脾，使蜂脾相称，这样既有利于蜂群繁殖，又有利于防止盗蜂。缺乏花粉的蜂群还应及时补充花粉脾或饲喂花粉。不论下一阶段蜂群的生产任务怎样，蜜源进入流蜜末期后，养蜂工作人员都要注意，检查蜂群要迅速，不要将带蜜巢脾长久地放于箱外，更不要将蜜滴洒在箱外，以免引起盗蜂，给蜂群管理带来不必要的麻烦。

87. 外界缺乏蜜粉源期蜂群管理注意哪些问题?

一年中，除蜂群越冬期外，大部分地区还会有一段缺乏蜜粉源的时期，这段时期，如果对蜂群管理不当，往往会造成蜂场盗蜂，蜂群脱子，群势严重下降，甚至垮掉。如果这段时期后，某地还有大宗蜜源，蜂群管理跟不上，就会造成严重减产。在蜜粉源缺乏时必须加强蜂群的日常管理，注意给蜂群补充饲料和防止盗蜂。

外界蜜粉源缺乏，蜂群已出现贮蜜或贮粉不足，就应及时给蜂群补足饲喂。如外界缺乏花粉，就应给蜂群补喂新鲜的消毒蜂花粉或花粉代用品。如蜂群贮蜜不足，就应以浓糖水饲喂蜂群，或给蜂群补加蜜脾。以防止蜂群因缺乏蜜、粉造成营养不良，使工蜂动用体内蛋白饲喂幼虫，或因此脱弃蜂子。缺乏蜜粉源时，蜂群的检查及日常管理要十分小心，注意防止盗蜂。蜂场发生盗蜂，不但给蜂群管理带来不便，也容易传播蜜蜂疾病。在无特殊情况下，尽量减少开箱检查蜂群

的次数，缩短检查蜂群的时间。必须检查时，可在傍晚或清晨蜜蜂停止出巢飞行时进行，也可在被检查的蜂群上暂时支起一顶蚊帐。给蜂群喂粉或糖水，可在傍晚进行，并注意不要将糖水滴到箱外，若不慎将糖水洒在箱外，应立即用清水冲洗干净。

88. 如何组织采浆群?

理想的产浆群，单王群在 8 框蜂以上，双王群在 12 框蜂以上。产浆区要求无蜂王，有较多的适龄泌浆蜂和充足的蜜粉饲料，产浆区和繁殖区以隔王板隔开。卧式蜂箱用框式隔王板将蜂王限制在蜂箱一侧，另一侧为产浆区。

当蜂群处于生产繁殖并重时，产浆区放置 2 张蜜粉脾、1 张幼虫脾及 2 张封盖子脾，王浆框插在虫脾、粉脾之间。放置蜜粉脾是为了满足哺育蜂的营养需要，放置幼虫脾是为了诱使一部分哺育蜂进入继箱，以提高移虫接受率，增加王浆产量。

在大流蜜期，蜂群以生产蜂蜜为主时，产浆区可以放置 1 张幼虫脾、2 张蜜粉脾，其余可全部放置空脾，以扩大储蜜空间。

产浆群要求蜂脾相称，或蜂略多于脾。一般是隔板外侧有蜜蜂栖息，副盖内侧有蜜蜂集结。如果蜂量不足，要从小群中提封盖子脾补充，或暂时抽出多余的虫脾，使蜂密集。

89. 生产蜂王浆有哪些工序?

蜂王浆生产的主要工序有安装台基、清扫台基、点浆、移虫、下框、补虫、提框、割台、捡虫、取浆、清台、蜂王浆保存等。

安装台基是将无污染全塑台基条用细铁丝捆绑或粘到采浆框的台基板条上。清扫台基是在开始生产蜂王浆前一天，将新组装好的采浆框插入生产群内，让工蜂清扫 24 小时左右。点浆是为了提高初次移虫的接受率，移虫前，用少许新鲜蜂王浆点于工蜂清扫过的台基底部。移虫是用移虫针将 1 日龄小幼虫从巢脾的房底移出，放入台基底部中央的过程，每个台基移入 1 只幼虫。下框是将移好虫的采浆框及时运到蜂场，插入生产群内的过程。补虫是为提高接受率，增加蜂群产浆量，于下框后 3~5 小时，提出产浆框，对无幼虫的台基补移一次虫龄与原来相近幼虫的过程。提框是于取浆前，将采浆框从蜂群中提出，轻轻抖落框上的蜜蜂，运到取蜜室，准备取浆的过程。割台是用锋利的刀片，将王台条上的台基加高部分的蜡壁割去的过程。割台时注意要使台口平整，不要将幼虫割破。拉虫是将割掉了台口的台基内浮在王浆上的幼虫一一捡出的过程。捡虫时注意，要把不慎割破幼虫由台基内的王浆挖出另放。取浆是用刮浆片或吸浆器，将王台中以王浆逐一取出，暂存于盛浆瓶的过程。清台是将未被接受的台基内的蜡瘤，用专用金属片清除干净的过程。被接受的台基和清除干净的台基可继续移虫，进入下一轮生产工序。

蜂王浆采收完成后立即密封，然后贴上胶布，注明盛浆瓶的皮重、毛重、生产日期、产地、蜜源等，并尽快将其放到冰箱或冰柜中冷冻保存。没有冰箱、冰柜，则暂存于放有冰块的广口保温瓶中，及早送到收购单位。

90. 生产蜂王浆时怎样移虫?

从双王群或辅助群中提出供移虫用的小幼虫脾，扫去脾上的蜜蜂，送到移虫室。移虫、取浆室要清洁、卫生，所用工具要经过消毒。移虫时，用弹簧移虫针或金属丝移虫针从幼虫背面轻轻挑起，放在经蜜蜂整理过的采浆框上的蜡碗或塑料王台的底部。弹簧移虫针移虫方便、迅速，尤其对初学移虫的人更加适宜。移虫时动作必须迅速、准确。小幼虫在箱外暴露时间越短，越有利于成活。同时要注意保持移虫室的温湿度，如果是露天操作，也要保证操作处的清洁卫生，还要注意遮荫。移虫脾在箱外时间过长，要用半湿毛巾覆盖。采浆框移满幼虫后，马上放进蜂群，并在生产群中洒适量的清水，以提高湿度。

91. 怎样采收蜂王浆?

移虫后 60 小时就可以采收王浆。如移虫时采用较大的幼虫（孵化 30~40 小时），在移虫后 1 小时应可以取浆。采收王浆，先提出采浆框，微微抖蜂。再用湿润的蜂刷扫去蜜蜂。提取采浆框最好在上午 10 时以后，10 时以前幼虫浮于王浆上，10 时以后幼虫浸于王浆中。10 时前后提取采浆框能使王浆产量相差很大。

采浆前，将小刀、镊子、牛角勺、王浆贮存瓶等备齐消毒，保持室内及操作人员的清洁卫生。采浆时先用小刀将王台削平，再用镊子取出幼虫，然后用牛角勺 2~3 号画笔或竹制小铲将王浆取出。取浆时不可混入蜡渣。不能使王台剩余王浆，否则会影响产量，而且待下次再取浆时，王台底部会有“硬浆”影响质量。采收后的王浆放在广口冷藏瓶中保存。

92. 采收蜂王浆时应注意哪些问题?

① 蜂王浆生产过程中，要根据蜜粉源状况、蜂群群势确定移虫的数量，也就是采浆框的数目和每个采浆框中的蜡碗数量。一般情况下，每个采浆框采浆量超过 25 克，蜂群中还可以增加 1 个采浆框。增加的采浆框要与原来的采浆框保持 2~3 框的距离，两侧也要放小幼虫脾。如果每个采浆框产浆量低于 10 克，或蜂群内幼虫因缺浆表现出发干时，应停止生产王浆。

② 清洁卫生。目前，生产王浆整个操作过程都采用手工操作，费工费时。如用吸浆器采收王浆，可提高工效，保证洁净。吸浆器由抽吸机和抽吸嘴两部分组成。抽吸机可用牙科上用的脚踏吸血器、小型真空泵、喷雾器、高压锅等改装。抽吸嘴用玻璃管制作，顶端呈球形，球径为 6 毫米，玻璃管径为 2.5~3.5 毫米。当抽吸嘴放入王台内，开动抽吸机，就可以把王浆吸出。少量采浆可用细的画笔和特制小骨匙，深入台基底部进行挖、锯采浆。

93. 怎样才能使蜂王浆优质高产？

影响蜂王浆产量和质量的因素很多，在生产蜂王浆的过程中，必须创造满足适宜蜂群生产的环境条件，才能获得蜂王浆的优质高产。影响蜂王浆产量和质量的主要因素有：生产蜂群的种质、蜂群的强弱、蜂群的健康状况、蜜粉源条件、饲料状况、移虫虫龄、使用台基数量、生产时间的长短、取浆用具及环境卫生等。获得蜂王浆优质高产必须采用优质高产蜂种。近年来我国自行筛选培育的“浆蜂”对提高蜂王浆产量有明显的作用。使用这些种王培育生产用王，与本地蜂杂交，杂交王使用一代，王浆产量和质量均会有一定程度的提高。生产王浆的蜂群要保持强壮，至少在 8 框蜂以上。强壮的蜂群，才有众多的 8~20 日龄的哺育蜂，才能获得王浆的优质高产。生产王浆要用健康的蜂群，利用大流蜜期生产，非流蜜期，要保持群内饲料充足，外界蜜粉源不足时，要给蜂群补喂花粉、蜂蜜水或糖水。只有健康的蜂群和充足的营养，才能保证蜂群生产出的蜂王浆质优量大。移虫日龄和生产群使用台基数量也直接影响蜂王浆的产量和质量。72 小时为生产周期时，移虫时必须移 1 日龄幼虫，幼虫过大，生产出的王浆较老，幼虫过小，生产出的王浆较嫩。所用幼虫大小不当还会影响王浆的产量。生产群使用王台基的数量，也要根据蜂群群势和蜜源条件决定，蜜源条件良好，8~11 框蜂群用 90~150 个台，12~14 框蜂群用 150~200 个台，15 框蜂以上群可以用 200~260 个台。王台数量过多，王浆产量会提高，但质量下降，并且费工、费虫。全年生产时间的加长也会提高王浆的总产量，但必须提前春繁，蜂群提早进入强盛阶段，蜂群蜜源后期管理得当，使蜂群维持强盛，后延王浆生产时间。整个生产期的延长，王浆生产批次的增加，也就提高了王浆的总产量。

在满足上述条件的同时，整个王浆生产期还必须注意，工作人员要健康无传染病；蜂王浆的采收工具要经过卫生消毒；取浆室要洁净卫生；王浆取完后要及时冷冻保鲜，这样生产出的蜂王浆才是真正优质的蜂王浆。

94. 怎样生产蜂花粉？

花粉是中蜂的主要食物之一，外界气温较高，有粉源时，采集蜂就会出巢采集花粉。蜜蜂采集的花粉会在其后足的花粉筐内形成花粉团，携带回蜂巢。根据中蜂的这一采集花粉的习性，人为设计出了花粉截留器。花粉截留器由脱粉片和贮粉盆组成，脱粉片上有许多圆形孔，工蜂身体可顺利通过，但因工蜂后足携带花粉而变宽，因此不能顺利经过脱粉片，当携带花粉的工蜂强行通过时，花粉被刮落，掉入脱粉盆。

蜂群强壮，外界粉源丰富，蜂群贮粉丰富时，为了减少粉圈压子及有目的地生产蜂花粉，可在蜂群的巢门口定时安装花粉截留器，生产蜂花粉。一般花粉截留器宜清晨安装，这样采集蜂会很快适应，如果在中蜂大量出巢后安装，宽大的巢门挡住了原来蜂群的巢门，巢门口的蜜蜂会发生混乱。另外花粉截留器不宜连续数天安装，最好隔天安放 1 次，这样既生产了花粉，又不使蜂群因进粉不足影响繁殖。

脱下的蜂花粉要及时干燥。干燥方法有阳光晒干、自然风干、热风干燥等方法，可根据情况加以选择。

95. 怎样生产蜂蜡？

蜂蜡的来源主要是淘汰旧巢脾、收集蜜盖蜡、赘脾蜡、生产蜂王浆割下的王台口蜡等。也可有意识地把空巢框插入蜂巢的继箱中，使工蜂泌蜡造赘脾，然后进行收集。

多造新脾，更换老巢脾，每更换 1 张旧巢脾，就可多产蜂蜡 80 克。强群流蜜期，一夜之间 1 个中等群势的蜂群便可造出 1 张新巢脾，应抓住这一有利时机多造新脾。大流蜜期，工蜂泌蜡积极性很高，可放宽巢脾间蜂路，让工蜂泌蜡加高巢房深度。取蜜时将加高的巢房口和蜜盖蜡割下，以此增加蜂蜡产量。生产王浆时，割下的台基加高部分，认真收集，累积产量也相当可观。在检查蜂群时，割除雄蜂房，清除巢脾上和箱体上的赘蜡，也是蜂蜡的一个重要来源。为了多产蜡，在流蜜期，用空巢框直接插入继箱群，促使工蜂泌蜡造脾，并加以收集，这种蜂蜡蜡质非常好。

对于蜂群日常管理中收集生产的各种蜂蜡原材料，应及时加以熔化成形。方法是：把上述收集到的散蜡放在铁锅或铝锅中，加入适量清水，进行暗火加热，加热至蜂蜡全部熔化，将蜡液倒入脸盆等容器里冷却。倒入容器前，可在容器内壁涂抹一层肥皂液，有利于蜡块倒出。倒入脸盆等容器的蜡液，冷却至常温凝固后，将蜡块倒出，刮去底层的褐色杂物，即可贮存待售。

96. 怎样生产蜂毒?

蜂毒是工蜂毒腺和碱腺的分泌物，防卫蜂螫刺敌体时从螫针排出。18 日龄后，工蜂毒囊里的存毒量较多，每只工蜂存毒约 0.3 毫克。蜂毒生产应选择有较多适龄蜂的强壮蜂群。春末、夏季有较丰富蜜粉源时，生产的蜂毒量大、质量好。取毒方法有直接刺激取毒法、乙醚麻醉取毒法和电取蜂毒法等。

（1）*直接刺激取毒法*　是将工蜂激怒，让其螫刺滤纸或纱布，使毒液留在滤纸或纱布上，然后用少许蒸馏水洗涤留有毒液的滤纸或纱布，文火蒸发掉毒液中的水分，得到的粉状物即为粗蜂毒。

（2）*乙醇麻醉取毒法*　在一个大玻璃容器中，放入大量工蜂，在容器底部放入适量乙醇，工蜂吸入乙醇气而被麻醉时即行排毒，毒汁汇集到容器底部。将被麻醉的蜜蜂取出，经过一定时间，蜜蜂苏醒后即可继续外出采集。这种方法虽然能得到大量蜂毒，但蜂毒不纯净。

（3）*电刺激取毒法*　当蜜蜂受到电流刺激时，即会收缩腹部，排出蜂毒。经电流刺激过的工蜂仍可继续外出采集。具体操作：将取毒器置于蜂箱的巢门口，接通电源。工蜂进出巢门时钢丝上（用铜丝也可，但钢丝更易于平直），触电后，立即将螫针插入蜡纸，并将蜂毒注射在蜡纸上，随之更多工蜂踊到取毒器上。等到挤满工蜂，2~3 分钟后切断电源，使已排过毒的工蜂拔出螫针飞走，螫针不会留在蜡纸上，故不会伤害蜜蜂，经试验，蜜蜂都很好地继续生存下

去。再接通电源，第二次重复前工序。此时，若巢门工蜂减少，可适当敲震蜂箱，以刺激老蜂外出（幼蜂不会出巢）排毒。

应当注意：蜜蜂触电后，会释放出大量的报警气味，蜂群变得极为骚动。此时应当将电刺激取毒器移到另一个蜂箱取蜂毒。

电刺激取毒最好是在流蜜期结束后，充分利用老工蜂取蜂毒，这样不会影响蜜蜂正常生产与活动。

97. 怎样生产雄蜂蛹?

雄蜂幼虫在封盖巢房自吐丝结茧后到羽化出房前这一时期的虫态统称雄蜂蛹。在雄蜂蛹生产中，常以蜂王产卵算起，对 21~22 日的蛹作为生产对象进行生产，这时的雄蜂蛹躯体呈乳白色，翅足游离，体壁几丁质尚未硬化，蛹体既美观，营养价值又高。

生产雄蜂蛹的蜂群，群势要强，蜂群有分蜂的欲望，群内蜜、粉贮存充足。同时，外界要有丰富的蜜粉源。开始生产前，用镶好的雄蜂巢础框加入强群中筑造雄蜂脾，配齐锋利的割蜜刀具，承接雄蜂蛹及贮存雄蜂蛹的器具。雄蜂脾造好后，用隔王栅或产卵控制器，把蜂王限制在雄蜂脾上产卵，产卵一昼夜后，把产上卵的雄蜂脾提出，加入哺育群孵化哺育。产卵群可重复利用，也可同时作为哺育群。哺育群要保持饲料充足，特别在雄蜂卵孵化为幼虫后，如果外界蜜源不够充足，还要给蜂群补喂花粉和奖励饲喂糖水或蜜水，以防止蜜蜂拖弃雄蜂幼虫。从蜂王产卵后算起的第 22 天，把封盖的雄蜂脾从哺育群中提出，抖落上面的蜜蜂。如蜂场有冰柜，可先将雄蜂脾放入冰柜，把巢脾冻硬，以便于割除巢脾上的雄蜂房盖。割房盖的方法是，先把巢脾水平放置，用小木棒或割蜜刀刀背轻敲巢脾上梁，使上面的蜂蛹沉到房底。然后将巢脾竖起，稍倾斜，用锋利的割蜜刀把房盖割掉，不要割到蜂蛹的头部。割完后，把巢脾翻面，手持巢脾，静置于盛放蜂蛹的器具上，用木棍或对背敲击巢脾上框梁，振落巢房中的雄蜂蛹。巢脾另一面的蜂蛹同时下沉，同法割掉巢脾另一面的房盖，翻转脾面，振出雄蜂蛹。对个别未掉出巢房的雄蜂蛹，用镊子轻轻夹出。收集包装后，冷冻保存。

98. 中蜂怎样转地放蜂?

蜂群转地追花夺蜜，是养蜂提高经济效益的一项措施。大型养蜂场长途转地放蜂，一年四季都可生产蜂产品，小型蜂场采用小区域范围的转地放蜂也可弥补定地饲养的不足之处。

中蜂转地放蜂，特别要注意远离意蜂蜂场，其原因是中蜂嗅觉灵敏，一开始是中蜂先去盗意蜂蜜，最后意蜂反过来盗中蜂的蜜，而中蜂个体小，经常被意蜂打垮。

99. 中蜂转地注意事项是什么?

中蜂主要是定地饲养，但由于受当地蜜源条件的限制，定地饲养单产低。为了充分发挥中蜂的生产能力，尽可能进行短距离转地饲养。中蜂转地饲养除掌握一般的转运技术外，结合生物学特性，还应注意以下几个问题。

(1) 抽取过多贮蜜　由于中蜂没有采集树脂和调制蜂胶用于造脾的能力，因而中蜂巢脾一般韧度小，易脆裂。转地前，为了避免脾断蜜流，应把整蜜脾抽出。在有仔的巢脾上蜂蜜贮藏量不得超过整个巢脾的1/3，多余的贮蜜应用摇蜜机取出。蜂箱内蜂蜜的贮量，应以够蜜蜂在途中消耗为宜。

(2) 尽量减轻震动　中蜂受到震动时，易引起骚动而出现离脾现象，破坏巢内正常工作秩序。因此，转运时间不宜过久，最好在夜间运蜂。土路或石子路应缓行，以减轻震动，保持蜂群安定。

(3) 防止迁飞　中蜂有易飞迁的习性，转运时蜂群受到震动，在到达目的地后应先向蜂箱洒水，待蜜蜂安定后方可打开巢门。当工蜂涌出巢门时，还需用水喷洒飞翔蜂以防止迁飞。另外，应注意观察，若出现逃亡应重新关好巢门，待晚上再开。

(4) 分批打开巢门　中蜂定向力不如意蜂，蜂群安定后应间接分批打开巢门，以防错乱投巢引起盗蜂。

100. 中蜂的春季管理要点是什么？

① 适时扩大蜂巢，加速蜂群群势增长。

② 蜂场设置喂水器，并定期进行消毒。

③ 定期检查蜂群（晴天温14℃以上时），清除箱底死蜂、蜡渣、霉变等污物，保持箱底清洁。

④ 保持密集群势，保持强群繁殖，确保春繁扩群快速。

⑤ 防治螨虫。用杀螨剂连续杀螨2~3次，隔2天1次。

⑥ 箱内外保温。地面上放置20~30厘米厚的干草，蜂箱放在干草上，顶盖小草帘，外盖箱盖，后壁和两侧用草帘包裹，保持箱内空气流畅。白天掀起草帘等覆盖物，便于蜜蜂飞翔。

⑦ 奖励饲喂。调整蜂群当天晚上即可进行奖励饲喂，喂稀糖浆。每日每群喂粮浆100~200克，有蜜源时少喂或停喂。奖励饲喂的饲料必须消毒过或确认无带病毒饲料。

⑧ 箱内保温物随巢群扩大摘除，箱外保温物在蜂发展满箱、气温稳定时撤除（先撤除上面，再撤除周围，最后撤除箱底）。

⑨ 低温阴雨天要给蜂群巢门每天喂水，补加粉脾于蜂巢外侧。

101. 中蜂的夏季管理要点是什么？

① 更换蜂王。在4~6月期间，把全场的蜂群更换成当年的蜂王。

② 定期全面检查，毁净自然王台，加强通风，防止自然分蜂。

③ 采用遮阴、洒水等措施为蜂群生产和繁殖创造适宜温度和湿度。

④ 巢上喂水。晴热天气在午时用清水打温布在箱顶覆盖。

⑤ 防止盗蜂，防除胡蜂、蟾蜍，预防卷尾病。

102. 中蜂的秋季管理要点是什么？

秋季管理的重点是为蜂群越冬及来年早春系列做准备。要防止出现7月强、8月弱，9月螨严重的现象。

① 适时培养和更换蜂王，更换前，必须对全场蜂王进行一次鉴定，分批更换。采取适当措施促进蜂群繁殖，培养适龄越冬蜂，保持巢内饲料的充足仍是一项关键的技术措施，同时结全换王和分巢治螨等措施，在继箱群哺育力过剩的基础组织多王群繁殖越冬蜂。

② 适时断子，防治蜂螨，第一步，在8—9月，结合秋季育王，在组织交尾群时提出封盖子脾，使原群无封盖子脾，并先对原群用药，待新群（交尾群）子脾出房，蜂王交尾成功，所产的卵孵成幼虫以后，对新群进行治疗；第二步，在蜂群进入越冬并自然断子初期（各地断子始期不一）在9—11月进行药物治疗。治疗务求彻底，注意的是，用药前，先喂蜂，同时在人为断子时，蜂群中至少留卵脾一框以上。

③ 贮备越冬饲料，越冬饲料中不得含有甘露蜜。

④ 注意防止农药中毒。

103. 中蜂的冬季管理要点是什么？

① 越冬前要选择好室外越冬场所，要求清洁卫生、背风向阳，干燥安静。备好越冬保温材料，以20~30群为一组，或以2群、5~6群为一组不等，用草帘把蜂箱左右和后面围住，箱底垫15厘米左右的干草。

② 越冬前期应调整蜂群群势，适当缩群、紧脾，留足越冬饲料，布置越冬蜂巢。

③ 越冬期间不宜开箱检查，加强箱外观察，调节蜂巢巢门，加强蜂巢保温，加强强群及双王群的管理，提高蜂群的抗病能力。

④ 越冬后期要注意补充饲料和预防蜂群下痢病，选择晴暖的天气进行蜜蜂排泄飞行。

⑤ 越冬期补充饲料时，应使用消毒过后饮料或确认无带菌病的饲料。

104. 中蜂的夏季管理要注意什么?

蜂群经春季繁殖后，群势开始强壮，这时要及时加脾准备采蜜，去掉保温物。

(1) *组织采蜜群* 蜜源期内，蜂群要有 4~10 框蜂，如果蜂群弱，可把 2 群蜂并成 1 群，方法是：2 群蜂当中，搬走 1 群，让搬走的蜂群内的外勤蜂，飞进另一蜂群，使它变成采蜜群和繁殖群。

(2) *生产优质花蜜* 把 1 箱蜂分成产蜜区和繁殖区，方法是：找到蜂王，把它带脾放到蜂箱另一边，再找一张子少的新脾放在一起，让蜂王产卵，组成繁殖区；另一边无王区作为采蜜区（要在巢门的那一边）。为了保证蜂蜜质量，采蜜时要根据天气而定，一般3~5 天采 1 次蜜，取蜜必须在上午 10：00 之前采完蜜。不同花的蜜不能混装，这样才能达到优质高产的目的。产蜜季节，不能给蜂治病，以防止蜂蜜污染。

(3) *流蜜后期管理* 蜜源后期是蜂群容易发生飞逃、盗蜂（打架）的时期。防飞逃和盗蜂的方法为：在取最后一次蜜的当天晚上，必须及时喂 1：1 的糖水，蜂群场地必须打扫干净。

(4) *防治盗蜂* 蜂场发生盗蜂时，要及时治理，要快速找出主盗群（偷蜜的蜂群）和被盗群（被偷蜜的蜂群），然后将主盗群巢门关 2 个小时，2 小时后，将被盗群的巢门关 1~2 小时，关门后开主盗群巢门，主盗群与被盗群两者之间一关一开、一开一关互相配合进行，直到盗蜂停息为止。在这当中，蜂群要喂白糖水，一般在晚上喂糖水。盗蜂严重时要把主盗群搬离蜂场。

105. 夏季蜂群管理应如何防止分蜂热?

春末夏初，蜂群进入强盛阶段，也是一年中最关键的生产期。此期如果蜂群发生自然分蜂，会给生产带来很大损失。在蜂群管理中，最多每隔 10 天，检查一次蜂群，注意及时发现分蜂热，毁掉自然王台。并利用大流蜜期，更换老劣蜂王。

106. 夏季蜂群管理应如何防暑降温？

盛夏气温较高，蜂群繁殖及正常生活常受影响，要注意给蜂群防暑降温。一般蜂箱不要摆放在阳光直接暴晒的地方，可将蜂群放在树荫下，或在蜂箱上架设凉棚，覆盖草帘。非常炎热的地区，可把蜂群转移到深山或海边凉爽地区。同时，夏季还要注意蜂群内通风，可打开通气窗，扩大巢门，使空气流通。当气温超过 35℃时，还要注意给蜂群箱内喂水和箱外洒水，以此降低箱内温度。

107. 夏季蜂群管理应如何防止农药中毒？

夏季是农作物的用药高峰期，尤其在棉区，打药频繁，常引起蜂群中毒，养蜂人员应高度注意。喷洒农药时，蜂场可采取暂时关闭巢门，或转场等措施，防止蜂群因农药中毒，造成损失。

108. 夏季蜂群管理应如何防止蜂群饥饿？

夏季，蜂群因采水扇风降温等工作，饲料消耗量大。在缺乏蜜源的地区，要注意及时给蜂群进行补助饲喂，以防止蜂群饥饿。

109. 中蜂的秋冬季管理要注意什么？

（1）蜂群秋季管理　蜂群秋繁好，贮蜜多，越冬安全。因而有人说养蜂之计在于秋。秋季管理应采取采蜜繁殖两不误，最后一个蜜源以繁殖为主。如天气出现霜冻，巢内需采取保温措施培育越冬适龄蜂。有条件的地区，初秋可替换一批蜂王。

秋季最后一个蜜源，蜂群要留足越冬和春季饲料蜜。在流蜜中期以前选取封盖多的蜜脾单独保管，中期后，不再取蜜；尾期，越冬蜜尚未贮足，就要趁早补足饲喂 1～2 次两份白糖一份水的糖浆，让蜂群经糖加工成蜜，此时要严防盗蜂，准备越冬。

总之，秋季管理要特别注意以下几点。

① 防止飞逃和盗蜂，主要让蜂群有足够的食料（蜜），具体方法可以参考前面讲述的内容。

② 更换老蜂王，要利用秋季小阳春的零星小蜜源，进行人工养蜂王，分蜂换王，为第二年做好准备工作。

③ 培养越冬蜂，在晚秋利用小阳春，采用人工奖励饲养，每 2~3 天喂 1 次白糖水（不能加蜂蜜），白糖与水的比例为 1∶1。如果蜂群情况好也可以加巢础，使蜂群强壮起来达到 4~6 框，每框达到 4 个子脾以上，让蜂群能安全过冬。

（2）*蜂群冬季管理*　中蜂一般在室外越冬，华北在 11 月前后进行箱内保温，11—12 月进行箱外保温。

长江以南一般只进行箱内保温，做法是将巢脾放在蜂箱中间，两侧放隔板，外放草帘，空处填干草。框梁上盖履布，加盖保温纸，再加草帘后盖上箱盖，箱底垫草帘。

长江以北的蜂群，用稻草或草帘把蜂箱四周包装起来，保留巢门通气。1 月份平均气温在 10℃以下的地方，应挖 30~40 厘米的深坑，填上保温物，再置放蜂箱，上部加保温物后培土 30~40 厘米，表面用稀泥抹成斜面。

华北、西北中蜂越冬期长，注意不要冻死、饿死蜂群。一般只做箱外观察，如死蜂多、翅暗红、舌长伸、腹空，先用温蜜水喷蜂团，而后补入蜜脾。蜂群发出“唰唰”声，则要增加保温物。声音杂乱，可能是鼠害，要及时消灭。

总之，冬季管理要特别注意以下两点。

① 蜂群必须保持安静，不能乱翻运蜂群。

② 抽整蜂脾，把蜂群内的新脾、好脾全部抽调到隔板外，每群蜂只留 3~4 张老脾、糖脾，这样可保护新脾和好脾。

110. 秋季怎样繁好适龄越冬蜂?

随着一年中最后一个流蜜期的结束，蜂群从以生产为主转向以繁殖越冬蜂为主，新繁的工蜂逐渐替代夏季的老蜂成为越冬蜂。本阶段大都在秋季，繁殖越冬蜂的时间需要 21～30 天。为培育出数量多、质量好的越冬蜂，在蜂群进入繁殖期前要及时停止生产蜂王浆，更换老劣王，紧脾奖饲，抓紧治螨。蜂群繁殖后期还要及时断子。

进入秋繁期，为保证培育出的工蜂健康，必须停止生产王浆，使哺育蜂集中营养，饲喂工蜂幼虫。秋繁真正适龄的越冬蜂是最后出房的 5~6 张子脾，先出房的工蜂因参加哺育和搬运饲料工作，就不再是生理上年轻的越冬蜂。因此，进入秋繁后，必须繁好这批越冬蜂。繁蜂前，可进行群势调整，以强补弱，并抽出群内多余巢脾，只保留 7 张巢脾，使蜂脾相称。换掉老劣王，使繁殖群的蜂王保持为 1 个月至 1 年内产卵旺盛的青壮年蜂王。繁蜂前限制蜂王产卵 10 天左右，放开后蜂王产卵积极。秋季是蜂群螨害较重的时期，如不抓紧根治，初期繁出的工蜂所带的蜂螨必然转寄到越冬蜂身上，不但对秋繁不利，而且使蜂群越冬不安全，必须控制蜂螨的寄生率在较低水平。治螨的方法多种多样，最简单的方法是，在秋繁初期，给蜂群挂上螨扑片，以每 10 框蜂 1～2 片，对角挂于巢门口和箱后倒巢脾间。秋繁期间，同时注意保持群内饲料充足，如当地无蜜粉源，可将蜂群转到有蜜粉源的地方。否则就需要及时给蜂群补喂蜂蜜、花粉。蜂群饲料贮存尚充足的，则要注意以稀糖水对其进行奖励饲喂。

在蜂群子脾达到 5～6 张，并发现蜂王产卵速度开始下降，蜂脾关系趋于蜂少于脾，头一批封盖子陆续出房时，就应把蜂王关入王笼，使大批新出房的工蜂不参与幼虫哺育工作，确保新出房的工蜂生理上保持年轻，成为适龄的越冬蜂。

111. 为什么要让秋繁蜂群适时断子？

随着气温的降低，秋繁进入后期，蜂王产卵逐渐减少，子脾开始呈现明显的下降趋势，如果不采取措施限制蜂王产卵，大多数蜂群会产卵。一方面由于气温已低，新出房的工蜂不能排泄飞翔，无法健康越冬；另一方面出房后的越冬蜂为了哺育这些工蜂，消耗了体内贮存的营养和体力，缩短了自身寿命。即使后期培育出的工蜂能完成排泄，安全越冬，但由于其数量远不及前一阶段培育出的工蜂多，越冬

后效果同样不佳。因此，越冬适龄蜂培育期一结束，就应让秋繁蜂群及时断子。

112. 怎样断子？

打开蜂箱，提起巢脾检查，找到蜂王后，用囚王笼幽闭蜂王，并将其挂在蜂群中间偏前部位的巢脾间，强迫使其停止产卵。蜂群停止产卵后6~7天，检查蜂群，清除蜂群内所有急造王台。

113. 怎样储备和补喂越冬饲料？

充足优质的蜂蜜是蜂群安全越冬的必要条件。越冬蜜必须提前留足。可在当地最后一个蜜源流蜜期，每群选留2~3张已经产过数代子的巢脾，让蜜蜂贮蜜，蜂蜜贮满后，置于继箱一侧，到下次取蜜时，已经成熟，提出存于空继箱里，到秋繁结束时，放于蜂巢。如果最后一个蜜源流蜜不稳定，可在前一个蜜源留足。没有充足自然蜜源，或未留足蜜脾的，在秋繁中后期，用上等优质白砂糖或洁净蜂蜜补助饲喂蜂群，直到喂出2~3张封盖蜜脾。补助饲喂最好在最后一批封盖子出房前3天结束，集中5~7天内完成。秋季有甘露蜜的地方，在补喂越冬饲料前要将储有甘露蜜的蜜脾提前撤出。一般补喂糖与水的比例为2：1；蜜与水的比例为3：1。如饲喂蜂群的蜂蜜来路不明，应煮沸30分钟消毒，凉后再喂，以防止蜂病的传染。饲喂前，饲喂器中应加几根稻草或干树枝，以防蜜蜂淹死。饲喂应在傍晚进行，不要将糖水或蜜水滴于箱外，以防发生盗蜂。

114. 蜂群越冬饲料量以多少为宜？

在北方蜂群越冬，一般每足框中蜂要3千克左右蜂蜜，即1.5张大蜜脾；在长江中下游地区，中蜂越冬，每框足蜂要2千克左右蜂蜜，即5张蜜脾。贮蜜不足的，应提前补足。

115. 为什么要在蜂群越冬前抓紧治螨?

越冬前，蜂群已彻底断子，蜂螨全部转移到工蜂身上，蜂螨用它的刺吸式口器，刺入蜜蜂节间膜，吸取蜜蜂的血淋巴，危害成年蜜蜂，使被危害的越冬蜂寿命缩短。越冬蜂群中，蜂螨寄生率高，还会使蜂群躁动不安，影响蜂群的越冬安全。因此，在蜂群越冬前，必须抓紧治螨。

116. 怎样布置越冬蜂巢?

一般群势较小的弱群，最好组织双王群过冬。布置方法是用普通隔离板或铁纱隔板将标准箱分成两区，巢门开在两边。每个小群各占一边，每区不少于 4 张脾，靠隔离板的巢脾放半蜜脾，大蜜脾靠另一边，边脾外加隔板。

5~6 框蜂，可放 6~8 张巢脾，平箱越冬。大蜜脾放在两边，半蜜脾放在中间，边脾加隔板。7 框足蜂以上的蜂群，可以采用继箱越冬。将蜜脾集中放在继箱上，蜂群起初结团于巢箱上部，后期结团于巢继中间，双箱体越冬巢内空间大，通气良好，蜂群越冬安全。

布置好巢脾后，纱盖上加盖保温物，其覆布要折起一个角，做箱内通风口。可再覆盖上加几层报纸，以增加保温效果。对双王蜂群箱，巢门口最好加一块垂直蜂箱的挡板将两巢门隔开，以防工蜂偏集。

117. 怎样给室外越冬的蜂群保温?

我国大部分地区蜂群越冬都可在室外进行，根据南北方各地气候的差异，选择适当的时间给蜂群进行适当的包装保温。越冬蜂群应放在地势高燥、避风向阳、安静的场所。蜂群保温也应因地因时制宜。越冬前期，气候不稳定，群内可不必保温，仅在副盖上加盖草帘即可，气温降低后，再做内保温。

蜂群室外越冬，每隔数日，应把巢门前的干草、树叶等清扫干净，掏出巢内死蜂。下雪天，巢门前要挡上草帘，防止工蜂趋光出巢冻死。雪后，要及时清除蜂箱上及巢门口的积雪，以免巢门被积雪堵塞或融雪浸湿包装物。

118. 怎样了解室外越冬蜂群是否正常？

越冬期间，无特殊情况，蜂群不宜开箱检查。可通过观察巢门蜂尸的不同情况及听测蜂群声音，了解蜂群的越冬情况。如果巢门口蜂体结冻，用细铁丝钩清理出的巢内蜂尸保持正常。同时用皮管一头插在耳中，一头从巢门口放入箱底，轻轻敲击蜂箱，听测声音，如箱内发出“刷”的一声，很快停止，就表示蜂群正常。如果巢门蜂尸结冻，巢内蜂尸也结冻，听测时听到箱内发出微微起伏连续不断的“唰唰”声，说明蜂群在运动产热，蜂巢内温度偏低，要缩小巢门，加强保温。如果巢门蜂尸不结冻，巢中蜂散团，有部分蜂飞出巢门，听测时蜂团发出均匀的“呼呼”声，说明巢温高，要注意扩大巢门，通风降温。如果巢门口有碎蜡渣或碎蜂尸，群内发出异常气味，听测时，听到群内发出异常叫声，说明蜂群有鼠害。此时如气温过低，应及时将蜂群搬入较温暖的室内检查，清理箱底，清除鼠害，堵塞老鼠出入口，同时在巢门板上钉几个钉子呈梳子状，以防止老鼠从巢门钻入。

119. 怎样掌握室内越冬蜂群的出入时间？

室内越冬是北方高寒地区为保障冬季蜂群越冬安全常采用的方法。建有专门的地上、地下或半地下越冬室等设施。近年来在长江以南有些地区也采用暗室越冬，以防止下列因素对蜂群造成伤害：个别养蜂村的蜜蜂多，转地南返抵家后，放蜂密度大，易引起盗蜂；个别地区冬后正是土法制糖时节，蜜蜂常因去制糖车间采糖，造成采集蜂死亡严重。室内越冬，温度变化小，能保持黑暗，对蜂群越冬较为安全。

120. 如何管理室内越冬蜂群？

蜂群入室宜在傍晚进行，把巢门关闭，轻轻将蜂群搬入室内，按一定秩序摆放蜂群。巢门朝向墙壁，放置两排，每排可放 3～4 层，上层为弱群，中层为一般群势，下层为强群。暗室空间大，也可以背靠背分层叠置，巢门都朝向通道，高度一般为 3～4 层。放蜂数量宜少不宜多，1 米^3 不超过 1 箱。摆放后，待蜂群安静下来，便可打开巢门和气窗。

121. 越冬蜂群管理室内温度如何控制？

越冬室温度最佳为-4～4℃。室温过高或过低都会增加饲料消耗。当室温升高时，可打开越冬室的通气窗增加通风量，或放置排气扇增加通风量，扩大蜂巢巢门。整个越冬期室温要宁冷勿热。越冬室通气孔要有防光设施，保证室内黑暗。

122. 越冬蜂群管理室内湿度如何控制？

越冬室的相对湿度要保持在 75%～85%。越冬室太干燥或太潮湿都不利于蜂群安全越冬。湿度过高，未封盖的蜜脾会吸水变质，影响蜂群健康。过于干燥的越冬室，同样对蜜蜂有害。干燥的空气能吸收蜂蜜中的水分，促使蜂蜜结晶，并会使蜜蜂感到口渴，过多地吃蜜，导致蜜蜂后肠积粪增多。如越冬室内干燥，可以在室内悬挂浸湿的麻袋，或向地上洒水，关闭出气孔，打开进气孔。湿度大，室温高时，要关闭进气孔，打开出气孔，甚至装排风扇，排出湿气。

123. 怎样做好越冬蜂群检查？

蜂群入室的头几天要勤观察，当室温比较稳定后，可 10 天左右入室查看一次蜂群。在越冬后期，室温容易上升，要每隔 2～3 天观

察一次蜂群。对异常蜂群及时采取措施。特别是越冬后期，越冬室要注意不要透光，控制好室内温湿度，注意听测蜂群。在室内黑暗中，如蜜蜂飞出蜂箱，而室温测定不太高，可能是太干燥。如同时伴有蜂群骚动不安，蜂球散团，蜜蜂无精打采，而巢内还有相当贮蜜，这是蜂群缺水的现象，要及时给蜂群喂水。发现箱底和巢门板上有很多死蜂，尸体完整，舌伸出，蜜囊没有贮蜜，监听时，蜂群响声微弱，手敲蜂箱反应小，这是蜂群饥饿的表现，要立即抢救补喂。补喂的最好方法是直接加入贮备的经预温的半封盖蜜脾。

124. 怎样处理饲料不足的越冬蜂群?

不论室内越冬还是室外越冬的蜂群，在越冬的后期都要注意其饲料贮存问题。如发现蜂群饲料不足，应及时补入预温蜜脾，如饲料贮存严重不足，甚至已出现蜜蜂饥饿死亡，就应及时救治。

救治的方法是，将饥饿的蜂群移到温暖的室内，打开蜂箱，抽出部分空脾，换入预温的蜜脾，抖散蜂团，使其重新结团于蜜脾上。如果蜜脾为全封盖蜜脾，换入前可将 1~2 个蜜脾的偏下部位的蜜盖割掉，以便于蜜蜂采食。如蜂场内无蜜脾，可用磨碎的白砂糖和蜂蜜调制成炼糖，将炼糖装入一扎有许多小孔的塑料袋中，放在框梁上，供蜜蜂采食。如越冬期还很长，隔一定时间，注意观察炼糖取食情况，一旦吃完，应及时再补入。

125. 怎样处理患下痢病的越冬蜂群?

越冬蜂群，尤其室内越冬的蜂群，由于越冬饲料质量或管理不善等问题，在越冬后期，蜂群容易出现下痢病，对蜂群危害很大。若蜂群出现下痢症状，可将下痢蜂群移入一间温暖的房间，摆在窗前，使正午的阳光直射巢门，让蜜蜂飞出巢门排泄飞翔。同时检查蜂群，在原位换一洁净蜂箱，并加入优质蜜脾，将蜜蜂抖入蜂箱，使其重新结团。清除原蜂箱的蜂尸和霉迹，取出污染的巢脾。蜜蜂排泄飞翔后，将窗口阳光挡严，只在新换蜂箱的巢门处有光亮，促使蜜蜂飞回箱内，待蜜蜂安静后，把巢门关闭，搬回越冬室。对污染的蜂箱及巢脾等清理后进行消毒处理。并对用过的房间进行清洁消毒。

126. 什么是蜜蜂的补充饲喂?

养蜂者为蜂群补充饲喂的目的如下。

① 在缺乏天然花粉和花蜜的时期或地方，保证蜂群继续发展。

② 及时壮大蜂群，使有适量的蜜蜂采蜜、生产各种蜂产品或进行人工分群。

③ 发展蜂群时应有足够的蜂粮，以便为作物授粉。

④ 蜂群遭受农药中毒、花蜜或花粉中毒后，使群蜂迅速恢复群势。

⑤ 流蜜期期间的奖励饲喂，可刺激工蜂采集力。

补助饲养：即在蜜源缺乏时所进行的人工饲喂。其方法有：①补饲蜂蜜。可用蜂蜜加温水成稀释（结晶蜂蜜，需稍加水煮溶）。稀释后的蜂蜜，可采用灌脾的方法或者倒入框式饲养器内饲喂蜜蜂。②补饲糖浆。糖浆是以白糖加水5成，经加热充分溶解后凉至微温，最好在糖浆中加入0.1%的柠檬酸，以利于消化和吸收，此时不宜用红糖。

饲喂花粉：目的是补充蛋白质饲料，也可用酵母粉代替。饲喂方法如下。

（1）*液喂*　将花粉加糖浆10倍，煮沸，待凉后放入饲养器内饲喂。

（2）*饼喂*　将花粉或代用花粉加等量蜂蜜或糖浆，充分搅拌均匀，涂在隔板上供蜜蜂采食。此法较普遍采用。

127. 为什么要转地放蜂?

我国幅员辽阔，南北跨度大，花期不一；山区地带，由于海拔高度不同，同一蜜源花期也有差异。为了充分利用蜜源，躲避自然灾害，快速繁殖蜂群，增加蜂产品产量，获得最佳的经济效益，从而有目的地转地放蜂。

128. 转地放蜂前要做好哪些工作?

转地放蜂前，要做好转地目的地的蜜源调查，安排放蜂场地，确定转地日期，预定转地车辆等工作。还要做好蜂群的安全检查，固定巢脾，捆绑好蜂箱，准备随蜂携带的工作用具和生活用品等。

129. 转地放蜂后要做好哪些工作?

确定蜂群转地后，首先要明确转地的性质，是长途转地，还是短途转地。根据转地意向，对转地目的地做蜜源调查。一个理想的放蜂场地，应蜜粉源丰富，蜜源植物长势良好，流蜜稳定，花期长。根据蜜源的调查情况，联系好放置蜂群的场地。根据放蜂场地的蜜源流蜜期，确定转地的日期，联系好放蜂车辆。短途放蜂，只需定好汽车。中蜂不适合大转地。

在做好上述工作后，于转地前 2～3 天，对蜂群进行最后检查，合并无王群，调整均衡群势。根据转地路途的长短，留足饲料，但不宜过多。调整完蜂群后，即可将蜂包装。将巢脾与蜂箱固定，继箱与巢箱固定牢。同时检查蜂箱是否结实，纱窗、纱帘通气性能是否良好。一切准备就绪后，还要准备好转运途中及到场后所使用的必要用具，如喷雾器、面网、起刮刀、取蜜机、铁锤、铁钉及其他生产用具。转运头天傍晚，关闭巢门。

130. 短途放蜂应注意什么?

短途放蜂，用汽车装运，比较简单方便。但在夏季运蜂，要傍晚装车，夜里行走，以减少转运蜂群内部温度过高，闷死蜜蜂。如果路程较远，须夜行日宿。停车时，找有树荫、水源好的地方把蜂搬下来，让蜜蜂飞翔 1 天，晚上再走。走山路、土路，车速要低，减少震动。必须白天行车，中途就餐停车时，要把车停在树荫下，停车时间要尽可能短。注意通风，适时喂水。

六、中蜂主要病敌害防治

1. 中蜂主要敌害有哪些?

两栖类：蛙和蟾蜍；昆虫类：蜡螟、胡蜂科、花金龟科、蜻蜓目和螳螂目；鸟类：蜂虎；兽类：熊、黄喉貂、黄鼠狼、鼠类、刺猬、食蚁动物和灵长类动物等。

2. 中蜂患病主要有哪些症状?

(1) 腐烂　引起中蜂组织细胞腐烂的病原体有细菌、真菌、病毒和螨类等；另外有冻害、食物中毒等。

(2) 变色　患病幼虫体色由明亮、有光泽的白色变成苍白，继而转黄，最终成为黑色。

(3) 爬蜂　由于中蜂集体虚弱或由于病原体损害神经系统，均可以看到大量病蜂在巢箱底部或巢箱外爬行。

(4) 畸形　蜂害或高、低温引起的卷翅、缺翅以及各种原因引起的腹胀。

(5) “花子”“穿孔”

(6) 颤抖　成年中蜂不能飞行，身体抖动，同时翅膀也发生震颤。这种症状多见于麻痹病或者农药中毒。

(7) 吻伸出　中蜂吻伸出口外，多见于死亡中蜂，一般认为是中蜂中毒、螺原体病的典型症状。

3. 中蜂传染病分哪几个发病阶段？

（1）潜伏期　由病原体侵入并开始繁殖起，直到症状开始出现止，这段时间称为潜伏期。

（2）前驱期　是疾病的征兆阶段，其特点是症状开始表现出来，但该病的特征症状不明显，如中蜂行动呆滞或烦躁不安。

（3）症状明显期　这个阶段病的特征性症状逐渐明显地表现出来，是疾病发展的高峰阶段。

（4）转归期　如果病原体致病性增强或蜂群抵抗力减退，则传染以动物死亡为转归；如果中蜂抵抗力得到改进，则蜂群逐渐恢复健康。在疾病过后的一定时间内还有带菌（毒）、排菌（毒）现象存在，但最后病原体可被消灭清除。

4. 中蜂传染病流行的基本环节有哪些？

传染病在蜂群中传播，必须具备传染源、传播途径和易感动物 3 个基本环节。

（1）传染病史　指病原体在其中寄生、生长繁殖，并能不断排出体外的中蜂。

（2）传播途径　是指病原体由传染源排出后，经一定的方式，再侵入其他易感动物所经的途径。

（3）蜂群的易感性　易感性是抵抗力的反面，是指蜂群对于某种疾病的容易感受程度。

5. 中蜂主要传染病的病原有哪几类？

引起中蜂传染病的病原主要是细菌、病毒、真菌。

（1）细菌　是一类单细胞微生物，一般要在光学显微镜下才能看见。可以使用一些有抗菌作用的中草药或者通过改善饲养管理的办法，减少传染病的发生。

（2）真菌　在生物学分类地位上真菌是一大类不分根、茎、叶和不含叶绿素的叶状植物。如白垩病是由中蜂子囊球菌引起的。治疗中蜂真菌病效果比较好的药物是制霉菌素和一些有抗真菌作用的中草药。

（3）病毒　病毒是一类体积微小，只能在活细胞内生长繁殖的非细胞形态的微生物。病毒对84消毒液、漂白粉和食用碱很敏感。

6. 中蜂病敌害的防治原则有哪些?

（1）保健措施

① 加强蜂群的日常饲养管理。

② 注意观察本蜂场蜂群抗病性的差异，选择抗病性强的蜂群培育蜂王，替换容易得病的蜂王。

（2）预防措施

① 注意蜂场的卫生。

② 隔离：当发现传染病时，应立即将病群隔离，以便将传染病控制在最小范围内扑灭。

③ 消毒：一般每年在秋末和春季蜂箱陈列时，对蜂场周围环境、蜂具、蜂箱、仓库等定期进行预防性消毒；随时对病蜂群污染的蜂箱、蜂具、工作人员的衣物等进行消毒；在病蜂群解除隔离之前要对隔离区的蜂箱、蜂具等各种用具及环境进行消毒。

（3）治疗措施

① 治疗细菌病可以使用中草药。

② 目前常用于真菌病治疗的药物为制霉菌素。

③ 用于病毒病治疗的药物有中草药板蓝根、大青叶、贯众、金银花和菊花等。

7. 中蜂生产中常用的消毒措施有哪些?

（1）机械化消毒　包括清扫、铲刮、洗涤和通风等，以除去物体表面大部分的病原体。清扫和铲刮的污物要深埋。

（2）物理消毒法　包括日光烘烤、灼烧、煮沸等。阳光是天然的消毒剂，一般的病毒和细菌在直射的阳光下几分钟或几小时就可以被杀死，一些小型蜂具、覆布和工作服等可以采取煮沸消毒的方法，煮沸时间一般为 15~30 分钟，烘烤和灼烧的方法可用于蜂箱、蜂具的消毒。

（3）化学消毒　消毒效果最好的是化学消毒方法。

8. 中蜂病敌害的自检方法有哪些？

（1）症状诊断

动作变化：中蜂患病后，动作上常表现异常，比如呆滞、迟缓、颤抖、爬行或烦躁凶悍等。

形态变化：中蜂患某些病后，形态会发生变化，肢体翅膀残缺、体躯或腹部膨大，严重时成蜂或幼虫死亡腐烂等，都是诊断的依据。例如：得败血症死亡的中蜂尸体会自行分裂成碎片。

形态变化：有些病能使成蜂、幼虫或蛹表现出反常的颜色。例如：变棕、变黑、变黄或变白。常见的是患白垩病时原性真菌附着在幼虫体躯上，幼虫死亡变硬、变黑或变白。

气味变化：有些疾病特别是由细菌引起的病害，会使中蜂在发病期间或死亡之后产生臭味，但单纯病毒感染的情况下，往往没有臭味。这也是区分病毒性幼虫病（囊状幼虫病）和细菌性幼虫病（欧洲幼虫腐臭病和美洲幼虫腐臭病）的一个重要指标。

（2）鉴别诊断　当从症状上很难确定疾病类型时，可以结合发病期间、季节和虫龄来综合判断。农药等引起的蜂群死亡，与传染病不同。一般发生的时间比较集中，有时可以在一夜之间多个蜂场同时全军覆没，并且发病的面积比较大，打药地区周边可以同时发生。

9. 什么是蜂群用药的休药期？

蜂群用药的休药期为中蜂从停止给药到其产品收获的间隔时间。严格执行休药期制度，可有效降低蜂产品中的蜂药残留水平，避免人类健康受到危害。

10. 蜂群合理用药的基本原则是什么？

（1）对症下药　细菌病和螺原体病选用抗生素或有抗菌作用的中草药，病毒病选用有抗病毒作用的中草药，真菌病选用制霉菌素或有抑制真菌生长的中草药，孢子虫病选用柠檬酸。

（2）用量和用法应适当　抗菌药的剂量应适宜。疗程应充足，以求彻底治愈，切忌停药过早，导致疾病复发，给药途径也应适当选择，成蜂的传染病最好采用喂蜂与喷脾相结合的方法，这样可以使药物分布更均匀，幼虫可以尽可能早地接触药物。

（3）严格执行休药期　避免蜂产品蜂药残留。

（4）使用抗菌药物的同时必须结合饲养管理　增强蜂群本身的抵抗力，注意消毒，控制病原体进一步传播。

11. 如何防止蜂药产品污染蜂产品？

① 在主要采蜜期的前 1 个月内不要使用抗生素、磺胺及治螨的药物，以防止蜂药在蜂蜜中残留。

② 无论在蜜源缺乏期使用药物，还是在早春奖励饲喂蜂群时使用药物，到大流蜜都要彻底清除巢内存蜜，这样既起到治疗作用，又防止蜂产品中蜂药的超标。

③ 病群治疗后，若距大流蜜期还有较长时间，应把巢内所有含蜂药的存蜜摇出，另行保管，不可与商品蜜混合。摇出的蜜若要使用，必须煮沸消毒 40 分钟以上灭菌后，再喂蜂群。

④ 如大流蜜期已过或即将结束，含抗生素或磺胺类的存蜜可以暂留巢内使用，但这些巢脾应做好记号，以示区分。

⑤ 杀螨药“螨扑”要按使用说明进行使用，在巢房中挂 3 周后要取出，不可长期留在蜂箱中，生产季节不能用“螨扑”治螨，以防氟胺氰菊酯对蜂产品的污染。

12. 如何正确选择蜂群使用的药物?

① 根据病原类型的不同，应采取不同类型的药物进行治疗。治疗细菌病的药物为抗生素，因易造成蜂产品的抗生素污染，目前不提倡在蜂群使用，特别在生产期禁用。用于真菌病治疗的药物为制霉菌素。没有一个好的化学药物能够有效地治疗病毒性疾病。已证实很多中草药有抗细菌、真菌和病毒作用，针对不同类型的传染病可利用不同的中草药进行治疗。

② 应选择正规蜂药厂生产的具有国家兽药生产及销售批准文号的兽药。

③ 应严格按照蜂产品生产的不同等级质量要求选择蜂药。无公害蜂产品和绿色蜂产品生产中可以用化学药物，但一定要选择国家准许使用的蜂药，残留量不能超过标准规定的水平。有机蜂产品生产过程中不能使用任何化学药剂。

13. 如何防治中蜂囊状幼虫病?

（1）症状　病害发生在6日龄大幼虫死亡，30%死于封盖前，70%死于封盖后。发病初期出现“花子”，接着会在脾面上出现“尖头”，抽出巢脾可看到不太明显的囊状。体色由珍珠白变黄，接着变成褐色、黑褐色。封盖的病虫房盖下陷、穿孔。虫尸干后不翘，无臭，无黏性，易清除。

（2）症状诊断

① 箱外观察。每天上午蜜蜂开始采集活动时，可看到工蜂从巢内拖出病虫尸体，散落在巢门前地上，可疑为蜂群患病。

② 蜂群检查。打开蜂箱，提出子脾，可看到子脾上有“插花子”，房盖有穿孔，房内有尖头死幼虫。封盖的病虫房盖下陷、穿孔。虫尸干后不翘，白色无臭，无黏性，易清除。易从巢房中拖出。

（3）病害的消长与外界环境因素的关系　每当气候变化大，温湿度不稳定，蜂群又处于繁殖期时容易发病。发病严重与否主要与气温有关。温度低，温差大，蜂群保温差，易发病，特别是早春寒流袭击后，病害发展更为迅速。春季的蜜蜂由于易受冻，再加上机械损伤，常表现为每摇一次蜜，病害加重一次。

另外，疾病与食物也有关。病害的大暴发一般伴随着大流蜜期的到来而出现。在福建，季节上多见于清明后及冬初，温度不稳，而蜂群子脾大，一旦缺蜜，幼虫营养不足，质量下降，抵抗力也下降。有时流蜜盛期，气温晴暖，却疾病大流行，其主要原因是取蜜太频繁，群内蜜粉不足，幼虫缺食。

夏、秋季疾病自然好转，这是由于气温稳定，天气干燥，蜂王减少产卵，成年蜂的比例大，为了度夏，群内一般饲料较足，幼虫饲喂好，发育健壮，少量病虫很快被清除，残存于巢内的病毒在干燥的夏季迅速失去感染力。

（4）防治

① 选育抗病品种。

② 适时换王。

针对 2 个高峰期适时换王，特别是中蜂，换王也是生产上的需要。

换王抑制病害的意义在于以下几点。

一是断子，箱内缺少寄主，切断传染的途径，减少主要传染源；

二是体内带病的菌工蜂无虫可育，出巢采集，而新出房的工蜂因群内无病虫，无须清除病虫，不会受到感染，在哺育下一批新王产卵孵化的幼虫时不会成为传染媒介；

三是通常新蜂王生活力强，带病菌也少。

③ 加强饲养管理。

加强保温。以减少群内温度变化的幅度，在非繁殖期可幽王断子；群内留足饲料，使幼虫发育正常；取蜜时要快、轻、稳，减轻幼虫受温湿度的影响及机械损伤程度。

④ 药物治疗。

国内筛选了许多有一定疗效的中草药，现介绍以下几种。

1）华千斤藤（海南金不换）干块根，8~10 克，煎汤，可用于 10~15 框蜂的治疗。

2）干半枝莲草50克，煎汤，可治20~30框蜂。

3）五加皮30克，金银花15克，桂枝9克，甘草6克，煎汤，可用于40框蜂的治疗。

总之，囊状幼虫病的防治应采取以抗病选种为主，加强饲养管理、结合药物治疗的综合措施。除上面介绍的药物治疗外，早春要加强蜂群保温，不要过早拆除越冬保温包装物，紧缩蜂巢，使蜂多于脾，其次，换王断子。用处女王换掉病蜂群蜂王（或将蜂王幽闭起来），造成蜂群断子，这样可以让工蜂彻底清扫巢房，减少病毒数量。此外，补充饲喂。将脱脂奶粉、黄豆粉、酵母粉或花粉以及多种维生素加在饲料糖浆中饲喂病蜂群，可以有效地提高蜂群的抗病能力。

14. 如何防治欧洲幼虫腐臭病？

（1）症状　欧洲幼虫腐臭病简称欧幼病（俗称烂子病），是一种严重的细菌传染病。欧幼病一般只感染日龄小于2天的幼虫，通常病虫在4~5天死亡。患病后，虫体从珍珠般白色变为淡黄色、黄色、浅褐色，直至黑褐色。刚变褐色时，透过表皮清晰可见幼虫的气管系统。随着变色，幼虫塌陷，似乎被扭曲，最后在巢房底部腐烂、干枯，成为无黏性，易清除的鳞片。虫体腐烂时有难闻的酸臭味。

若病害发生严重时，在巢脾上“花子”严重，巢幼虫大量死亡，蜂群中长期只见卵却不见幼虫房盖子等现象。

（2）防治　意蜜蜂患上欧洲幼虫腐臭病一般不甚严重，通常无须治疗，多数蜂群可自愈。而中蜂患上欧洲幼虫腐臭病常常十分严重，严重影响到蜂群的春繁及秋繁，而且病群几乎年年复发，并且难以根治。但是病菌对抗生素敏感，因此，一旦蜂群发生腐臭病病群的病情可用药物较易控制。需注意的问题是，要合理用药，严防抗生素污染蜂蜜。

① 预防方法。

一是选育对病害敏感性低的品系；

二是换王，打破群内育虫周期，给内勤蜂足够时间清除病虫和打扫巢房；

三是将病群内的重病脾取出销毁，或严格消毒后再使用（消毒方法参见美洲幼虫腐臭病的防治）。

② 施药防治。

一是抗生素糖浆配制，常用土霉素（10 万单位/10 框蜂），或四环素（10 万单位/10 框蜂），配制成饱和糖浆饲喂病群，但易造成蜂蜜污染。建议配制含药花粉饼或抗生素饴糖饲喂。

含药花粉的配制：用上述药剂及药量，将药物粉碎，拌入适量花粉（10 框蜂取食 2~3 天量），用饱和糖浆或蜂蜜揉至面粉团状，以不粘手即可，置于巢框上框梁上供工蜂搬运饲喂。

二是抗生素饴糖配制，用 224 克热蜜加 544 克糖粉，稍凉后加入 7.8 克的红霉素粉，搓至硬，可喂 50~60 群中等群势的蜂群。重病群可连续喂 3~5 次，轻病群 5~7 天喂 1 次，喂至不见病虫即可停药。

15. 对蜡螟怎样防治？

蜡螟属鳞翅目，螟蛾科。危害蜂业的蜡螟有大蜡螟和小蜡螟。蜡螟的危害主要是在它们的幼虫期。

蜡螟属世界性害虫，几乎遍及全世界养蜂地区。蜡螟是蜂产品最重要的害虫，它们对中蜂危害特别严重。大蜡螟只在幼虫期取食巢脾，危害蜂群封盖子，经常造成蜂群内的“白头蛹”，严重时白头蛹可达子脾数量的 80%以上，即使勉强羽化的幼蜂也会因房底的丝线被困在巢房内。

(1) 大蜡螟的防治

① 预防方法。

在蜂群内，由于用药防治大蜡螟存在困难并会污染蜂产品，所以应采取“以防为主，防治结合”的方针，利用大蜡螟的生活习性，在饲养管理上防止虫害的发生。

通常可采取维持强群蜂、不断地清理巢箱和利用新脾，可以有效防止大蜡螟的发生。此外，及时扑打成蛾，清除箱内害虫的蛹、卵块和幼虫也是防治大蜡螟的一项重要措施。

② 治疗方法。

物理防治：为防止药剂防治给蜂产品带来的污染，可将蜂具或蜂产品（如巢蜜）进行冷冻处理，在-6.7℃冷冻4.5小时，-12.2℃下冷冻3小时和-15℃下冷冻2小时处理，可杀死各时期的大蜡螟。此外，采取水泡脾、水浸脾、水浸蜂箱、框耳阻隔器等方法，也可减轻巢虫的危害。

③ 化学防治：药剂治疗主要针对贮存的巢脾，蜂群内的药剂防治则相当困难。一般可采用36毫克/升的氧化乙烯对巢脾熏蒸1.5小时，可杀灭各个发育期的大蜡螟。用0.02毫克/升的二溴乙烯熏蒸巢脾24小时，也可杀灭各期大蜡螟。此外，熏杀蜡螟常用的药物还有二硫化碳、冰醋酸、硫黄（二氧化硫）、溴甲烷。

（2）小蜡螟的防治　小蜡螟的防治主要是通过清理巢箱，利用新脾等方法，并及时扑打成虫，清除越冬幼虫以及蛹和卵。其防治法与大蜡螟相同。

16. 如何防治胡蜂对中蜂的危害？

胡蜂科中的胡蜂，俗称大黄蜂，不仅是我国蜜蜂的大敌害，也是世界养蜂业最主要的敌害之一。早在罗马时期，人们就描述过胡蜂对蜜蜂的捕杀。胡蜂体大凶猛，可随意在野外或蜂巢前袭击蜜蜂。在某些情况下，胡蜂还可进入蜂箱，危害蜜蜂的幼虫和蛹。在捕食中，胡蜂只取食蜜蜂的胸部，咬掉其头部和腹部，带着蜜蜂的胸躯飞回自己蜂巢，用以哺育幼虫。

防除方法如下。

① 敷药法。

要根除胡蜂的危害，必须摧毁养蜂场周围的胡蜂巢。但许多胡蜂营巢隐蔽不易发现，或蜂巢高空悬挂，无法举巢歼灭。因此，最好的办法就是在养蜂场上捕擒来犯的胡蜂，给其敷药处理后再纵其归巢，最终达到毁其全巢的目的。具体方法如下。

“毁巢灵”人工敷药法：用人工敷药器进行（敷药器由白色透明塑料制成，分诱入腔、出口通道和驱蜂阀3个部分。通道直径约为蜂体的2倍，但不容胡蜂有钩腹行蜇的余地。诱入腔直径30~40毫米，附有诱入腔盖和通道棉塞)。首先在养蜂场网捕到胡蜂后，打开敷药器的诱入腔盖顺势把网内的胡蜂诱入腔内立即覆上腔盖，然后推动驱蜂阀，当胡蜂进入出口通道时取出棉塞，胡蜂沿通道伸出头胸部(腹部仍在通道内)时，用左手拇指和食指侧部按住蜂体，右手取棉签或小柴梗沾蘸“毁巢灵”粉剂少许（2~3毫克)，敷散在胡蜂胸部背板绒毛间，然后立刻松手放蜂，让其归巢，污染全巢。

“毁巢灵”自动敷药法：同上法网捕到胡蜂后，诱入100~150毫升的广口普通瓶子内，立即罩上瓶盖。因瓶内预置“毁巢灵”粉剂1克左右，这时瓶内的药物借胡蜂挣脱振翅的气流，自动均匀地敷散到蜂体各部分，旋即掀盖放蜂归巢，可更快地污染全巢，达到毁除全巢的目的。

敷药后放蜂归巢，蜂场距离胡蜂巢越近，敷药蜂回巢的比例越大，反之越少。在蜂场上网捕到的胡蜂，因不明其胡蜂巢远近，最宜二法兼用，才能保证有一定数量的敷药蜂回巢，确保毁其全巢的防除效果。

② 毒饵诱杀法。

用1%的硫酸亚铊或砷化铅或有机磷农药拌入水、滑石粉和剁碎的肉团里（1∶1∶2)，盛于盘内，放在蜂场附近诱杀。

③ 巢穴毒杀法。

对地上筑巢的胡蜂巢穴，在夜间可用棉花沾敌敌畏塞入巢穴，可以毁掉整群胡蜂。

④ 防护法。

在蜂巢口安上金属隔王板或金属片，以防胡蜂咬人。

⑤ 人工扑打法。

通过人工用木片或竹片在蜂群巢门口扑打灭除在蜂箱前捕食蜜蜂的胡蜂。

17. 如何防治蚂蚁对中蜂的危害？

(1) 分布与危害　蚁科中，蚁类是一种分布广泛的昆虫。尽管

其个体小，但它们的众多个体和习性使得其成为最重要的无脊椎动物的捕食者。蚂蚁主要危害蜂箱木质部分，导致蜂箱损坏。另外蚂蚁还十分喜爱甜味，可危害贮存的巢蜜。木工蚁或大黑蚁会杀死蜂箱内的蜜蜂、咬坏木质蜂箱。

（2）防治方法　蜜蜂自身具有在巢门口阻止蚁类进入的行为，如采用扇风、蹬踢行为阻止蚁类进入蜂箱。蜜蜂这种行为是依据蚁类的气味做出的自卫反应。

① 捣毁蚁巢：找到蚁穴后，用木桩或竹竿对准蚁穴部位，打 3~4 个深 600 毫米左右的孔洞，再往每个孔洞里灌注 100~150 毫升的煤油，然后用土填平，以杀死其中的蚂蚁。此外，也可用火焚毁蚁巢。

② 拒避蚂蚁：用特种木材做蜂箱基板，可排斥蚂蚁。或在蜂箱四周的支撑木桩上涂上沥青或加有杀虫剂的润滑油，可以拒避蚁类侵入。或在桩脚下套 1 个容器，内置少量机油，可防蚂蚁侵入蜂箱。

③ 药剂毒杀：在蚁类活动的地方，也可采用硼砂、白糖、蜂蜜的混合水溶液做毒饵，可收到良好的诱杀效果。

18. 如何防治蜘蛛对中蜂的危害？

蜘蛛有 2 000 多种，分布很广，随处都可以看到蜘蛛的踪迹。常见危害蜜蜂的蜘蛛有 20 多种，其中球腹蛛对蜜蜂的危害最大，其次是蟹蛛。

虽然蜘蛛能够危害蜜蜂，但不是蜜蜂的主要敌害，不必进行重点防治。只要坚持每天早晨或随时在蜂场附近及放蜂地段进行检查，发现蛛网和蜘蛛时捣毁、杀死，就能保护蜜蜂，减少蜘蛛对蜜蜂的捕杀。

19. 如何防治蟾蜍对中蜂的危害？

蟾蜍是夏季危害蜜蜂的主要敌害之一，俗名癞蛤蟆。蜂场上最常见的蟾蜍有中华大蟾蜍、黑框蟾蜍、华西大蟾蜍和花背蟾蜍。中华大蟾蜍分布全国各地，黑框蟾蜍分布于南方诸省区，华西大蟾蜍分布于西南地区，花背蟾蜍分布于东北、华北、西北各地区。蟾蜍捕食量很大，1 个晚上 1 只蟾蜍能够吃掉数十只至上百只蜜蜂。由于蟾蜍捕捉害虫对农作物有益处，不能捕杀，因此，要采取驱避的办法，防止蟾蜍到蜂场危害蜜蜂。经常清除蜂场上的杂草、杂物，不让蟾蜍有藏身之处。另外可以把蜂箱垫高，不让蟾蜍接触巢门捕食蜜蜂，还可以采用蜂场周围开沟，用塑料布围墙的办法，不让蟾蜍进入蜂场。

20. 如何防治鸟类对中蜂的危害?

以蜜蜂为食料的鸟类很多。据资料介绍，我国鸟类约有 1 100 多种，以昆虫为食的鸟类约占 50%。在我国，捕食蜜蜂的鸟类主要有蜂虎、蜂鹰、鸟翁、啄木鸟以及山雀等。按照对蜜蜂的危害程度，可以将捕食蜜蜂的鸟类分为三大类：一类是主要捕食蜜蜂者，如蜂鸟、蜂蜜指示鸟、蜂虎等；第二类是次要捕食蜜蜂者，如啄木鸟、大山雀、伯劳、燕子、王鸟等；第三类是偶尔捕食蜜蜂者，如鸭子、乌鸦等。

鸟类是人类的朋友，是国家禁止捕杀的保护动物。为了保护蜜蜂，我们只能用惊吓的方法对其进行驱赶，让它们离开蜂场。如果我们所选择的放蜂场地是鸟类集中捕食蜜蜂的场地，应该赶紧迁移蜂场，减少损失。

21. 如何防治老鼠对中蜂的危害?

老鼠不仅是人类的敌害，也是蜜蜂的敌害。老鼠可以取食花粉、蜂蜜、蜜蜂，咬碎巢脾、巢框，在蜂箱内筑巢。如果越冬蜂群受到老鼠的骚扰，会使蜂团散开，增加蜜蜂患病概率，导致越冬失败，直至死亡。

危害蜜蜂的鼠类，常见的有家鼠、田鼠和松鼠。为了防止老鼠进入越冬室和蜂箱内危害蜂群，要勤检查、巡视，观察蜂群是否正常，发现异常要及时开箱检查。另外要堵塞鼠洞和蜜蜂越冬室的缝隙，修补好蜂箱，缩小巢门。

22. 危害中蜂的兽类主要有哪些危害?

危害蜜蜂的兽类，主要有青鼬（又叫黄喉貂、蜜狗）、黑熊和刺猬等。这些兽类不仅能偷吃蜂蜜，骚扰蜂群，还能经常将蜂巢捣毁，蜂箱推倒，造成巨大损失。但在大多数地区，这些兽类已经不会对蜜蜂构成危害，因为人类的过度捕杀，已经很难见到更多的野生的熊与刺猬等动物。至于其他一些哺乳类动物，如猴子、猩猩等，虽然也会对蜂群造成危害，但终究数量有限。兽类是国家保护动物，不准捕杀，蜂场养狗能够很好地驱除青鼬等动物，简单易行。

23. 蜂群治螨的最佳时期和方法是什么?

蜂螨经过长时间繁殖，到了秋季蜂螨寄生是一年的最高季节。如果在越冬繁殖之前未将蜂螨杀灭，就难以培育健壮的越冬蜂。封盖子是蜂螨躲避药物触杀的场所，所以彻底的治螨方法是在繁殖越冬蜂前关王 10 天，给蜂群断子治螨，或者将蛹脾从大群抽出后另放一箱，然后介入王台，待蛹脾出完，处女王也交尾成功，这样使大群小群均在没有封盖子的情况下治螨。治螨的药物多种多样，可根据具体情况选用，并按施药说明进行操作。

七、蜜粉源植物及利用

1. 什么是租蜂授粉，租蜂授粉的好处有哪些？

租蜂是指养蜂人将蜜蜂出租给果树、蔬菜等种植户，由养蜂人管理蜂群，种植户付其一定报酬的合作方式。

（1）适用作物　无公害蔬菜生产基地和商品水果生产基地的大棚栽培作物（草莓、杏、油菜等）和保护地栽培作物（梨、荔枝等）。

（2）租蜂授粉的好处

① 管理简单方便，在租蜂授粉的过程中，养蜂人帮助管理蜂群，种植户不需购买任何养蜂工具或投入其他费用。蜜蜂自由采花授粉、方便快捷。

② 租金少成本低，每群蜂的租金为 50~100 元不等。以一个 600 米^2 的大棚来计算，无论何种作物，一季只需一群蜂授粉。

③ 无残留无污染。蜜蜂是实现农经作物高产稳产，又不污染产品的授粉增产方法。

④ 回报率高。租蜂授粉后作物生长整齐，出果率高，经济效益好。

（3）可以租用的蜂种

① 一般蜜蜂。如中华蜜蜂、意大利蜜蜂、浆蜂。

② 专用蜂种。有壁蜂和熊蜂。目前，对壁蜂为早春大田果树授粉的研究已获成功，解决了大田栽培杏树开花早、天气寒冷蜜蜂普遍不出巢采花的问题。熊蜂最初由荷兰引进，2000 年熊蜂周年繁育研究成功，“国产熊蜂”已代替“进口熊蜂”，熊蜂授粉的优势表现在：为散发异味的作物（如茄子、番茄、辣椒等）、大棚栽培作物、温室

蔬菜授粉。

2. 影响中蜂授粉的主要因素有哪些？

（1）天气　天气是影响中蜂活动的主要因素。只有在适宜的天气条件下，植物花粉才能成熟并释放，中蜂才能正常出巢进行采集活动，发挥理想的授粉效果。

（2）植物属性　对于风媒花植物如水稻、小麦等，中蜂授粉的增产效果相对不是很明显，但对于虫媒植物，尤其是雌雄异株、雌雄异熟、雌雄芯异位、雌雄蕊异长和自花不孕的异花授粉植物，中蜂授粉的效果较为突出。

（3）蜂群群势　群势强大的蜂群，供方采集积极性较强。所以要选择群势强大的蜂群为农作物授粉，才能获得理想的授粉效果。

（4）微环境的影响　对于露地植物而言，处于避风、平坦的地理位置时，中蜂授粉效果较好。而对于处于风口处或山顶上的植物，授粉昆虫采集困难。对于温室植物而言，温度过低时，花粉难于成熟，中蜂也不会出巢活动；温度过高、湿度过大时，不利于花粉的释放，同时中蜂也不会出巢采集，还会使蜂群的授粉寿命缩短。

（5）杀虫剂的影响　大多数杀虫剂农药对中蜂都有致命性的影响。所以为了达到最好的授粉效果，应在花期避免使用杀虫剂。而采用生物防治的方法来控制虫害。

3. 主要蜜源植物有哪些？

主要蜜源植物和辅助蜜源植物是根据它们的流蜜量而划分，像荞麦、紫云英、油菜以及椴树和桉树，荆条还有槐花、水苏等都是花期较长，而且流蜜量很大的特色植物，它们就是主要蜜源植物的重要组成部分。

4. 辅助蜜源植物有哪些？

辅助蜜源植物的数量比较少，而且产出的花蜜数量也不多，但是它们的花期多出现于主要蜜源植物开花的间隔时段时，因此这些辅助蜜源也有着重要的作用，可以为蜜蜂提供充足的饲料。常见的辅助蜜源植物有苹果树和桃树等果树，另外各种蔬菜和花卉也多数是辅助蜜源植物中的组成部分。

5. 影响蜜源植物开花泌蜜的因素有哪些？

（1）影响蜜源植物开花泌蜜的内在因素

① 遗传因素是影响蜜源植物开花泌蜜的重要因素之一，它与人类的遗传性十分相近，会对植物的光合作用和产蜜系统产生很大的影响，这种遗传因素在对种植蜜源时影响最大，对野生蜜源的影响比较小。

② 年龄因素，不同的植物在生长的年龄也是影响其开花泌蜜的重要原因，因为植物在不同的年龄段中，开花和泌蜜的时间和长短也是各不相同，在相同的自然条件下，一般年龄较小的植物先开花，但是开花的质量和数量都不高，年龄大的植物后开花，但是开花数量的泌蜜量都很大。

③ 花的性别和大小年也是影响蜜源植物开花和泌蜜的重要原因，花朵可以分为雌花和雄花之分，不同性别的花朵开放时间和泌蜜量也是大不相同的，另外有一些蜜源植物还存在明显的大小年，也就是说一年开花多，一年开花少，像椴树和龙眼等植物就是大小年现象明显的蜜源植物之一。

（2）影响蜜源植物开花泌蜜的外在因素　外界的自然条件也是影响蜜源植物开花泌蜜的重要原因，特别是外界的光照、气温与水分等条件都会对蜜源植物的开花和泌蜜产生直接的影响。在这些条件充足的情况下，蜜源植物开花的时间就比较早，反之就会推迟一段时间。

6. 有毒蜜源植物有哪些？

（1）断肠草就是最重要的有毒蜜源植物之一　这种植物的学名

为雷公藤，是一种灌木植物，多生长于山谷之中，长江沿岸的西南地区各省中都十分常见，这种植物的花会在6月下旬开放，蜜蜂采集了它的花粉和花蜜之后没有太大的伤害，但是用断肠草花制成的蜂蜜对人类却有剧毒，是不能食用的。

（2）*珍珠花也是有毒蜜源植物之一* 这种植物也叫南烛，是一种生长于云南、贵州以及广西等地的特有小乔木，这种花会在每年的五六月份开放，花期长达30天，珍珠花的花粉和花蜜对蜜蜂无毒，但是产出的蜂蜜人类却不能食用，不然会出现多种不适，严重时会出现死亡的情况。

（3）*藜芦是一种草本植物* 多生长于山东和河北以及甘肃和内蒙古等地，这种植物的开花季节在每年的6月到7月之间，它本身对人类没有太大的毒性，但是对蜜蜂伤害性却很大，蜜蜂采集它的花蜜以后，会出现严重的中毒，有的飞不到巢中，就会死亡。就是回到巢中后采回的花蜜也能把蜜蜂的蜂王和幼虫全部毒死。

7. 药用蜜源植物有哪些？

（1）*黄连* 黄连是自然界中最重要的药用蜜源植物之一，野生黄连多生长于山区地带，不过现在也有大量的人工种植，蜜蜂在黄连花上采集成的黄连蜜，清热解毒功效十分出色。

（2）*党参* 党参也是人们熟悉的中药之一，这种植物也是自然界中最重要的药用蜜源之一，也称为仙草根，是一种缠绕性的草本植物，多生长于中国的西部地区，像陕西和山西以及宁夏境内，党参的开花季节多在每年的7月和9月之间，花期最长有50多天，对于蜜蜂的采集十分有利。

（3）*薄荷* 薄荷也是一种功效出色的药用植物，这种植物多在每年的9月到10月之间开花，流蜜期在20天到30天之间，不过长江中下游地区的薄荷在当地气候的影响下，花期出现较早，在七八月份时就能开放，可以根据它的花期选择具体的放蜂地点。

八、蜂产品开发利用

1. 蜂产品主要是指哪些产品？

蜂产品主要是指经蜜蜂采集、酿造转化生产的蜂蜜、蜂蜡、蜂王浆、蜂花粉、蜂胶、蜂毒、蜂幼虫、蜂体及蜂巢、蜂脾等蜂群的直接产品。

2. 蜂蜜储藏过程中有什么卫生要求？

尽管蜂蜜具有很强的抑菌和杀菌能力，在生产、加工、包装及储运过程中如果不注意卫生要求，也会受到微生物或重金属的污染，轻者使等级降低，重者有害人体健康，成为废品。

（1）重金属污染　主要是包装容器造成的，分蜜机和容器使用前要洗刷干净。采用无污染的塑料分蜜机。不将蜂蜜存放在金属分蜜机内。养蜂场用陶瓷大缸或大塑料桶储存蜂蜜。对塑料涂层钢桶，在使用前要仔细检查，不使用涂层脱落的金属桶。

（2）微生物　中蜂采集花蜜和酿制蜂蜜时，或在采收鲜蜜以后，都有可能将微生物引入蜂蜜。

（3）蜂蜜的储藏　蜂蜜要用陶瓷、玻璃、无毒塑料瓶、不锈钢瓶等容器密闭储存。放置于阴凉、干燥、清洁、避光、通风处保存，不与异味物品混存；每次打开容器食用后，要及时复位蜜蜂保存。

3. 保持蜂蜜品质的技术措施有哪些?

① 在养蜂生产中强调卫生措施特别重要。养蜂人员要养成良好的卫生习惯，特别在采收蜂蜜及其他蜂产品时，将手和使用的工具、设备和容器清洗干净，加工车间经常清洗、消毒。

② 在10℃以下酵母菌不会生长。因此可将采收的蜂蜜密封，放在10℃以下储存。蜂蜜部分结晶时，使液体部分的含水量增加，容易促使蜂蜜发酵。由于在13℃左右温度下蜂蜜最容易结晶，所以不要在13℃左右储存蜂蜜。已经发酵的蜂蜜，由于含有大量的酵母菌，即使采取灭菌措施，残留的酵母菌也会超标。

生产成熟蜂蜜，将蜂蜜密封暂时储存在10℃以下的条件下，以后进行适当的加热杀菌，才能保证酵母菌的含量符合标准。

③ 消灭蜂蜜酵母菌，通常的做法是将蜂蜜加热到63℃保持30分钟。蜂蜜是热的不良导体，要采用带搅拌器的双重锅加热，使蜂蜜加热均匀。

4. 如何在蜂场确保蜂产品的质量安全?

影响蜂产品质量安全的因素很多，蜂场的环境、蜜源植物、饲养及生产所用的机具、蜜蜂病虫害防治、蜂产品的生产储存等都直接或间接影响着蜂产品的质量。具体来说，应注意以下几点。

① 蜂场周围的空气质量、土壤状况、是否有化学污染源、周围果园菜地的施药情况等都应考虑，以避免来自环境的污染。

② 养蜂机具的选择、更新和消毒对保证蜂产品质量、防止蜂产品的污染及中蜂疾病的传播非常重要。

③ 科学的饲养管理，保证蜂群的健康，避免乱施蜂药。

④ 标准化的生产技术和蜂产品保鲜储藏的科学工艺、技术和良好的条件等，这些都是确保蜂产品质量的关键。

5. 为什么要进行蜂蜜简单初加工?

新鲜成熟的蜂蜜被视为初级农产品，只要过滤去杂，以瓶装、袋装等各种形式投放市场，即为销售商品。未经加工的蜂蜜，一到冬季多数要结晶。尤其是未成熟和部分结晶的蜜，容易发酵变质。为了提高蜂蜜浓度，延长保存时间，减少结晶和发酵，并尽可能保持原有营养价值，达到一定的质量指标，就需要进行蜂蜜加工。

6. 怎样进行蜂蜜简单初加工?

蜂蜜加工的生产流程如下。

原料检验选料配比——融化——投料——加热——粗滤——精滤——浓缩——中间检验——成品搅成统一规格成品检验灌装——入库

① 原料检验用原料必须抽样检查，对花种单纯地区的原料蜜，抽样不应少于20%。对花种不单纯地区的原料蜜，应逐桶抽验，分级归类，并按不同质量分档堆放，化验内容包括含糖量、酶值、酸度、费氏反应，必要时进行花粉、重金属、农药残留量及抗生素的检测，凡不符合指标规定的不应选用。

② 融化对结晶蜜应先融化，但温度不应过高，蜜桶中心温度不得超过50℃。融化一般在水浴锅中进行。

③ 加热投好料后，用蒸汽加热，温度在50~60℃，最高不能超过70℃，并不断地除去泡沫。

④ 粗、精滤粗滤用0.177毫米孔径绢布或尼龙筛，精滤时第一道用100目或120目（视产品用途而定）的单层绢布过滤，第二道用双层绢布过滤。过滤的形式有：不同压力的自然过滤；柜式压滤机过滤；泵抽滤。加热后的蜂蜜必须当班用完，滤布经常调换清洗。

⑤ 浓缩是将蜜中的多余水分经连续加热而蒸发排除。蒸发操作可在常压、加压或减压下进行。在常压下蒸发可用敞口设备或双重锅进行，在加压或减压下用密研设备。比较先进的真空蒸发，就是在减

压下进行的，这种方法能避免高温蒸发所造成的营养破坏、焦化变色及产品质量降低。目前蜂蜜加工使用的真空浓缩设备有以下几种：降膜真空浓缩器、刮板式薄膜浓缩器、离心式薄膜浓缩器等。

⑥ 中间检验在蒸发浓缩过程中要进行波美浓度测定、灯光比色等，以便及时调节流量压力等工序。

⑦ 成品搅拌与检验中间检验后的蜂蜜用泵输送到总缸，进行搅拌均匀。检验浓度、色泽合格后，再按定指标进行总检验，如蔗糖、酶值、酸度、费氏反应等。

⑧ 灌装目前我国使用的蜜桶均用铁皮制成，内涂 2126 酚醛树脂。装桶前用水清洗，残水用泵吸干后再用布擦干，灯光检查。瓶包装、杯包装时，先洗净（3 次）并用 90℃以下的蒸汽加热灭菌并干燥。

⑨ 库存的要求是：不能露天堆放，推陈出新，库内通风，无异味，室内温度保持 20～25℃。温度过高或日光暴晒下，蜂蜜颜色加深，酶值降低，酸度和羟甲基糠醛增加（费氏反应变为阳性）。温度太低，容易结晶。

7. 什么是蜂王浆？

蜂王浆又叫蜂乳，是哺育工蜂的王浆腺分泌的一种高度浓缩的、用来饲喂蜂王和早期幼虫的黏稠状物质。蜂王浆不仅对蜜蜂来说是十分完美的食品，也是人类理想的营养品。

8. 如何鉴别蜂王浆？

新鲜蜂王浆是乳白色或淡黄色的黏稠状液体，具有酸、涩、辣等，在乙醇中部分溶解，产生白色沉淀，放置后分层。部分可溶解于水，呈悬浊液。

9. 蜂王浆在食用时应注意哪些问题？

不论是作哪种用途，一般均以长期服用为佳。服用量多一点虽然无害，但人体内未吸收也造成浪费。服用量太少，又达不到保健治疗的目的。所以确定蜂王浆制品中的最佳剂量是十分必要的。综合临床试验表明，身体虚弱以滋补为主要目的者，每天 1 次，每次 200~300 毫克，儿童酌减。蜂王浆制品无论采取何种剂型，都应按人们合理的服用量配制。目前市场上的蜂王浆制品五光十色，归纳起来分为粉剂、蜜剂、冲剂、片剂、滴剂等，需按产品说明服用或遵医嘱。

10. 怎样感官检验蜂王浆？

（1）*颜色*　新鲜蜂王浆为乳白色或淡黄色，有光泽。春季的新鲜蜂王浆为乳白色，超过 68 小时转为淡黄色。贮藏不当或室温下放置过久，已开始变质者为金黄色。蜜蜂采集的蜜源不同，生产的蜂王浆颜色也不同。如油菜、紫云英、洋槐花期生产的蜂王浆为乳白色，向日葵、荞麦花期生产的蜂王浆为淡黄色。夏秋季蜂王浆稍呈淡黄色。

（2）*味道*　新鲜蜂王浆味酸涩，变质的蜂王浆有臭味，掺假的蜂王浆则味甜、味淡或有异味。

（3）*稠度*　新鲜蜂王浆有“纽扣形”颗粒，且多而明显，易从容器内倒出，这是用画笔取浆的一个主要标志。但用吸浆器取的浆为黏糊状，无“纽扣形”颗粒。贮藏时间过久的蜂王浆逐渐失去“纽扣形”颗料，稠度变浓，且失去特有的香味。

（4）*气泡*　一般新鲜蜂王浆无气泡。下列情况会出现气泡：取浆时被夹破的幼虫体液混入蜂王浆中；盛浆容器、取浆用具含有水分；盛浆容器未经消毒或容器里留有陈浆，使蜂王浆发酵变质；因贮藏时间加长，气泡逐渐增多。

（5）*含水量大小*　用一根直径约 5 毫米、长约 300 毫米的玻璃棒，经 75%食用酒精消毒，晾干后插入盛蜂王浆的容器底部，轻微摇动后向上提起观察。玻璃棒上黏附蜂王浆的浆液多，向下流动慢，蜂王浆中有小气泡，表明蜂王浆中的水分受热变成气体，浆液可能发酵。浆液稀、色淡，系取浆过早，含水量大；浆过稠、色深，系由于取浆过晚，含水量小。

11. 怎样验收蜂王浆?

① 一个出售单位或个人一次交售的蜂王浆为一批。

② 检查验收，收购部门要逐瓶打开进行感官检验，有条件的可检测水分、淀粉两项理化指标。流通环节中成批购销，应用感官指标逐瓶检验，理化指标抽样检测。

③ 抽样方法，随机取样。抽样比例以不少于总量（样数）的20%为宜，取样总量不超过1 000克。

12. 怎样包装蜂王浆?

蜂王浆必须用无毒塑料瓶盛装。装瓶前必须用清洁水刷洗干净，用75%食用酒精消毒，晾干后方能使用。每瓶重量净重1千克。装瓶后用医用橡皮膏贴封。

13. 蜂王浆包装的标志是什么?

装蜂王浆的瓶外要标明《蜂王浆专用》和防振动用的“↑”字样。同时用标签写明花种、产地、收购单位、检验员姓名、收购日期和空瓶重量，贴在瓶下部。

14. 怎样储运蜂王浆?

蜂王浆长期储存，温度以-18℃为宜。生产、收购和销售过程中短期存放，温度不得高于4℃。不同产地、不同花种、不同时间生产的蜂王浆，要分别（装瓶、装箱）存放。

蜂王浆不得与异味、有毒、有腐蚀性和可能产生污染的物品同库存放。

蜂王浆应低温运输，不得与有异味、有毒、有腐蚀性和可能产生污染的物品同装和混运。

15. 怎样采收蜂花粉？

要做到蜂花粉的优质高产，除了有丰富的粉源植物和强壮的蜂群外，脱粉器的好坏是生产的关键。目前，国内外花粉脱粉器种类繁多。一般要求脱粉器构造简单，便于携带，脱粉孔径适合，不伤蜜蜂，不易混入杂质，收集方便，并有避光遮雨装置。

花粉脱粉器孔径的大小会直接影响脱粒效果。春季蜂群处在繁殖阶段，蜜蜂一般都不壮，躯体较小。这时若生产花粉，对东方蜂孔径应为4.2~4.6毫米，对西方蜂应选用孔径为4.7~4.8毫米的脱粉器比较适宜。夏秋季节，蜂群强壮，形体正常，这时应该使用孔径为5毫米的脱粉器。脱粉器孔径太大，脱粉效果差；孔径太小，不仅蜜蜂出入困难，影响采集，而且会刮掉蜂体上的绒毛，伤害蜜蜂。因此，选择适宜的脱粉孔径十分重要。可参照上述尺寸，自制采集器。

16. 为什么要进行蜂花粉干燥处理？

蜜蜂刚采回的花粉团含水量通常在20%以上，在常温下适合微生物的繁殖生长，使其发酵变质和发霉。同时鲜花粉团质地疏松湿润，容易散团，不宜过多翻动。脱粉器集粉盘的花粉，久置会变成一些糊状物，既无法使用，又会弄脏集粉盘，增添不必要的麻烦。因此，集粉盘中的花粉要及时取出，不得过夜，迅速进行干燥。

17. 蜂花粉怎样干燥处理？

花粉含水量在5%以下，一般认为是防止发霉变质的安全点，许多西方国家要求商品性的花粉含水量在4%以下。无论是刚收购的，还是贮存过程中因吸水而含水量超过5%的，均应及时进行干燥处理。常用的干燥方法：日晒干燥法、通风阴干法、土炕烘干法、热风干燥法、化学干燥法、真空干燥法、红外线干燥法等。在各种干燥方法中，有的是就地取材，简单易行，但需时较长；有的是迅速有效，但成本较高，操作复杂。蜂业经营者应因地制宜，根据自己的物质和技术条件，选择技术上先进、生产上可行的干燥方法运用。当前较为先进的是红外线干燥法，这种设备除干燥花粉外，也可干燥食品等。

18. 蜂花粉怎样贮存保鲜?

蜂花粉的合理贮存以保证蜂花粉的质量为主。贮存方法科学，才能防止蜂花粉发霉变质。杀死虫卵，减少花粉有效成分的损失。目前普遍采用以下几种贮存花粉的方法。

（1）*鲜花粉冷藏法* 将新来到的花粉及时放入食品塑料袋或广口瓶等容器内，置于-20℃的低温冰箱或冷库，可保持数年营养价值不变，这种方法只适宜自收自用、就地加工的单位使用。凡需将花粉运输到其他单位的均不宜采用。

（2）*加糖混合贮存法* 将花粉和白砂糖按照 2∶1 混合，装到容器里搞实，表面再加一层 15 毫米厚的砂糖覆盖，然后将容器口封严，使花粉在常温下保存两年。此法适合无冷藏条件蜂场或家庭使用。

（3）*自然干藏法* 将新采集的花粉及时干燥，使水分含量降到 5%以下，并装进编织塑料袋或其他容器里，放在-20℃的冷库存里或冰箱中冻 2~3 天。或用环氧乙烷气蒸 2.5 小时后装袋，杀死花粉中存在的虫卵，可于常温下贮存，但至多可保存 1 年。

（4）*仿制蜂粮贮存法* 在 1 千克新鲜花粉里加上 0.5 千克左右成熟的蜂蜜，放在棕色的玻璃瓶内，可保存半年以上。

19. 怎样加工生产王浆蜜?

王浆蜜是初级产品，制作简便、成本低、服用方便、液体剂型吸收较快，人们乐于接受。

操作步骤和方法如下。

① 将蜂蜜加热达到 45℃时，先进行粗过滤（60 目），然后进行中过滤（90 目），将蜂蜜中的蜡屑、死蜂、杂物去掉，再将滤液用巴氏灭菌法灭菌。

② 鲜王浆用少量食用酒精稀释。用40~60目的尼龙纱网过滤。将蜡屑、幼虫、杂质去掉。

③ 将准备好的蜂蜜和鲜王浆倒入搅拌机内混合，加入苯甲酸钠和香精，搅拌4~5小时停止，静置数小时。

④ 将搅拌均匀的王浆蜜进行分装、贴上商标标签，在避光阴凉处保管。

⑤ 食用方法。本品每毫升含鲜王浆40毫克，每天早晚空腹时服用5毫升。鲜王浆较蜂蜜比重轻，往往上浮。因此，每次在服用时，可先用筷子搅拌均匀后再服用，切勿将漂浮的白色物扔掉。服用蜂王浆蜜时，可用温开水送服。

20. 怎样提炼生产蜂蜡?

在气温高、日照长的地区，采用日光晒蜡法，既方便又经济。日光晒蜡器为长方形木箱或铝合金盒，内装铝制的或铁制的浅盘。浅盘前低后高，盘的前端作成楔形，为熔蜡的出口，盘下有一铁皮做的小槽，箱体上部装有双层玻璃盖。晒蜡时，把粗蜡或旧巢脾放在铁盘内盖上玻璃盖。置于烈日下暴晒，蜡质熔化后流入盛蜡槽中。

21. 蜂毒有什么用处?

近40年来，应用蜂毒的国家和使用蜂毒治疗的疾病已经日渐增多，大量医药资料表明，蜂毒治疗多种疾病，特别对过敏性疾病等确实有可靠的疗效，许多濒于无法医治的风湿症患者都用蜂毒疗法治疗。蜂毒对许多过敏性水肿、血管舒张性鼻炎、慢性风湿关节炎、支气管哮喘、荨麻疹、血管神经性水肿、血管舒张性鼻炎、痉挛性结肠炎等都有一定疗效。如将蜂毒和抗炎症激素合并使用，治疗过敏性疾病效果更显著，如将蜂毒对针灸穴位进行注射，对极难医治的类风湿关节炎和顽固性等麻疹也有良好的疗效。用蜂毒治病的方法很多，最简单易行的是“蜂螫法”，但必须在确认病人无过敏反应和禁忌证后，方可采用此法。因此，事先应进行过敏试验，检查是否过敏。

22. 怎样采收雄蜂蛹?

最好的采收时间是中蜂产卵后 20~21 天可采收雄蜂蛹，中蜂应提早 1 天。若过早采收，则所收蛹含水过多、太嫩，易破碎，而且难采收。但若采收太迟，则雄蜂蛹的几丁质硬化，影响食用价值和营养价值，所以应把握采收的准确时间。

取蛹环境要清洁，工具必须消毒，首先把雄蜂蛹脾上的边角蜜摇出，让蜜蜂清理干净。接着双手紧握两框，轻轻磕几下，使蛹身下陷到房底，此时蛹头与巢房之间便空出 3~4 毫米的间隙。然后用锋利长刀割去蛹房盖，再提起蛹脾扫净脾面上的房盖、蜡屑等杂物。最后翻转巢脾，用木棒在框架轻轻敲几下就可以震出大部分雄蜂脾。若有少量的雄蜂蛹倒不出来，可把蛹脾平放在巢框上轻轻磕出。取出后对老嫩不一或个别伤口破的蜂蛹，应及时挑出淘汰。盛接蜂蛹的容器以竹编筐或无毒塑料浅筐为宜。亦可用空气压缩采收。

23. 怎样贮存蜂蛹?

蜂蛹取出后极易腐败，一般要求 1 小时内及时加工或者置于冰箱里贮存。如果蜂场既无加工能力，又无冷藏设备，则应及时送到已约定好的加工厂加工，或送附近冷库贮存。

24. 怎样运输蜂蛹?

运输蜂蛹时，先不要从蛹脾上取出，应将蛹脾上的蜂抖掉，装入继箱里上下苫上盖子，送往加工厂采收交售。一般在常温下 6 小时以内蜂蛹不会死亡，鲜活蜂蛹可在-15℃下保存 3~4 天。

参考文献

[1] 宋心仿，等. 蜜蜂养殖新技术 [M]. 北京：中国农业出版社，2000.
[2] 吴杰，等. 新编养蜂技术问答 [M]. 北京：中国农业出版社，2006.
[3] 祁云巧，等. 实用养蜂技术 [M]. 北京：金盾出版社，2015.
[4] 马丽娟，等. 经济动物生产学 [M]. 长春：吉林科学技术出版社，2003.
[5] 杜桃柱，等. 科学养蜂问答 [M]. 北京：中国农业出版社，2004.
[6] 张复兴，等. 现代养蜂生产 [M]. 北京：中国农业大学出版社，1998.
[7] 袁耀东，等. 养蜂手册 [M]. 北京：中国农业大学出版社，1999.
[8] 宋洁，徐丽萍. 科学养蜂200问 [M]. 长春：吉林科学技术出版社，2007.